KB057871

엄마가 되어
말하기를
다시 배웠습니다

아이를
키우며
시작한

엄마의
말하기
수업

엄마가 되어 말하기를 다시 배웠습니다

김은희 지음

시원북스

프롤로그

세상의 모든 엄마는 왕초보부터 시작합니다 그래서 엄마를 위한 말하기 수업도 절대 필요합니다

저도 여러분처럼 아이를 키우는 엄마입니다. 저희 아이는 열여덟, 벌써 고등학교 2학년이에요. 조그맣던 아이가 언제 이렇게 컸는지 그저 놀라울 따름이지요. 아이가 한 살 한 살 나이를 먹을 때마다 엄마의 역할도 달라져야 했어요. 다섯 살 아이가 다르고, 열 살 아이가 다르고, 항상 같은 아이가 아니었으니까요. 특히 저 역시 처음 엄마가 됐을 때 아이가 어떤 생각을 하는지 궁금했고, 아이와 어떻게 대화해야 하는지 고민이 많았어요. 물론 요즘도 아이가 어떤 생각을 하는지 아직도 궁금합니다.

어떤 역할을 잘 해내기 위해서는 기존에 좋은 모델링을 많이 보고 듣고 경험하는 게 중요합니다. '모델링'이란, '한 사람이 다른 사람의 생각이나 태도, 행동 등을 모방하는 것'을 말해요. 하시만 우리는 대부분 좋은 모델링을 많이 경험해 보지 못했어요. 성인이 되어 엄마가 될 때까지 우리도 누군가의 자녀로 성장해 왔습니다. 그러나 그 시절 우리 부모도 아이를 잘 키우고 싶지만 방법을 몰랐던 미숙한 부모였지요. 게다가 그때는 지금보다 넉넉지 못한 형편에 먹고사는 것이 바빴던 시절이었거든요. 부모 교육이 왜 중요한지, 아동의 기질과 발달을 어떻게 이해하고 아이를 키워야 하는지도 몰랐지요. 좋은 부모로서의 모델링을 경험해 보지 못했으니 좋은 부모가 된다는 것은 더 어려울 수밖에요.

어떤 부모도, 어떤 엄마도 완벽할 수 없습니다. 완벽한 엄마라고 꼭 좋은 것도 아닙니다. 우리는 지금껏 살아오면서 부족함을 채워 갈 때의 기쁨과 성취감을 많이 경험해 봤잖아요. 하지만 부족함을 그대로 방치한다면 결코 좋은 결과를 얻을 수 없다는 사실도 우리는 잘 알고 있습니다. 가장 중요한 것은 '엄마인 나는 세상에서 내 아이를 가장 사랑한다'는 거예요.

나는 엄마가 처음이기에

나는 세상에서 내 아이를 가장 사랑하는 엄마이기에

나는 엄마라는 또 다른 이름을 가졌기에

나는 꼭 해야 할 것이 있습니다.

바로 부족함을 채우기 위한 노력이지요.

노력 뒤에 반드시 기쁨이 따라온다는 걸 잘 알고 있으니까요.

아이가 말을 배울 때를 기억하시나요? 아이가 한 단어를 완벽히 익히기 위해서는 같은 단어를 수백 번 반복해서 듣고 따라 하며 다양한 상황에서 응용해 보는 연습을 거쳐야 합니다.

아이가 부모로부터 독립해서 어엿한 성인으로 성장하기 위해서는 최소 20년의 성장 과정이 필요하지요. 우리가 대학에서 공부를 하고 제대로 된 사회인으로서 역할을 하기까지는 최소 2~4년이라는 시간이 더 걸립니다.

20년간 아동 발달 분야를 공부하고 아이와 부모의 성장을 도와 온 제 경험에 따르면 공부를 하지 않고 아이를 잘 키운다는 것은 거의 불가능합니다. 분명한 것은 꾸준히 공부하고 반성하고 노력한 엄마들이 아이를 제대로 사랑할 줄 알고 제대로 키워 내더라는 사실이지요.

엄마의 말을 연습하는 당신은 훌륭한 엄마입니다

말은 노력을 통해 충분히 변화될 수 있습니다. 말하는 연습을 통해 말의 수준이 발전하는 모습은 주변에서 쉽게 볼 수 있지요. 부모 감정 코칭 과정이나 부모 역할 훈련과 같은 교육 강좌들을 살펴봐도 마찬가지입니다. 이름만 다를 뿐 주제는 대부분 의사소통이나 부모-자녀 간 대화와 관련된 내용이지요. 그만큼 말은 훈련이 중요하고 연습을 통해 발전할 가능성이 큽니다.

저는 자녀와 잘 소통하고 싶은 엄마들을 위해 이 책을 썼어요. 잘 소통하고 싶은데 방법을 모르는 엄마들에게 도움을 드리고 싶었습니다. 다양한 이론을 바탕으로 하면서도 엄마들이 실제 상황에서 활용할 수 있도록 많은 예시와 함께 구체적인 방법과 노하우를 담았어요.

수많은 엄마들과 대화하며 느낀 점은, 세상에서 엄마가 가장 사랑하는 사람은 자기 자신이 아닌 바로 아이라는 것이었어요. 모든 엄마는 아이를 가장 사랑했습니다. 이제는 가장 사랑하는 아이에게 말로 상처 주지 않기를, 아이가 유치원에서 집에 오는 시간이 두려운 일상이 되지 않았으면 좋겠습니다.

가장 먼저, 현재의 모습을 점검하는 것에서부터 시작해 보세요. 엄마 자신도 모르게 아이를 화나게 하는 말을 하고 있진 않은지, 관계에 금을 내고 아이의 마음에 상처 주는 말을 하고 있진 않은지 점검이 필요해요. 만약 아이가 생각지도 못한 말로 엄마를 당황하게 하고 있다면 어떤 심리 상태인지 알아야 해요. 아이의 마음을 알면 우리는 아이에게 더 좋은 선택, 현명한 대처를 할 수 있거든요.

아이 마음을 알기 위해 노력하는 엄마는 값비싼 학원에 보내주는 엄마보다 훨씬 훌륭한 엄마입니다. 아이에게 상처 주지 않는 것은 멋진 장난감을 사 주는 것보다 훨씬 가치가 있으니 '난 좋은 엄마야'라고 자부심을 느껴도 좋아요. 이 책을 읽는 엄마들 모두 훌륭한 엄마가 되실 분들임을 확신합니다.

앞으로 소개할 사례들, 마음과 마음이 이어지지 않는 사례를 통해서는 아이의 마음이 어땠을지 헤아리는 기회로 삼았으면 좋겠습니다. 반대로, 마음이 이어지는 사례의 대화는 여러 번 읽어 보세요. 기억할 만한 좋은 엄마의 말은 밑줄을 치고, 메모장에 적어 놓고 보이는 곳에 두는 것도 좋아요. 매일 한두 번씩 소리 내어 말하다 보면 어느새 아이의 마음을 건강하게 짓는 엄마의 말이 나도 모르게 나오고 있을 겁니다. 엄마의 마음과 아이의 마음을 잇는 대화로 아이에게 예쁜 마음을 지어 주길 바랄게요. 잘 형성된 예쁜 마음으로 아이도, 엄마도, 우리 사회도 행복해지길 희망합니다.

2020년 11월

김은희

목차

엄마를 위한 말하기 수업 2

자존감이 높은 아이로 키우는 엄마의 말

엄마를 위한 말하기 수업 3

감정과 마음을 조절하는 아이가 되는 엄마의 말

엄마를 위한 말하기 수업 4

아이의 사회성 발달을 돕는 엄마의 말

엄마를 위한 말하기 수업 5

갈등을 잘 해결하는 아이를 위한 엄마의 말

엄마을 위한 말하기 수업

1

아이와 말이 통해야
마음이 통합니다

아이 마음 알기 01

아이에게 가장 중요한 사람, 엄마입니다

아이는 왜 엄마의 말에 쉽게 상처를 받을까요?

어릴 적 친정 엄마가 했던 말을 기억하시나요? 늦은 밤 엄마가 혼잣말로 "아이고 죽겠다"라고 해서 진짜 엄마가 죽을까 봐 가슴을 쓸어내린 적 없으세요? 엄마가 혼잣말로 했던 말에 가슴이 덜컹했다면 엄마가 내게 했던 말에는 어떤 영향을 받으셨나요? 마음을 따뜻하게 했던 엄마의 말은 힘이 들 때마다 용기와 위로가 되었을 겁니다. 바늘처럼 뾰족했던 엄마의 말은 가슴 한편에 상처로 남았을 거예요.

저는 어릴 적 아버지가 했던 "네가 우리 집 골칫덩어리야"라는 말이 아직도 가슴에 남아 있습니다. 수많은 기억 속에서 그때의 상황, 아버지의 표정까지 생생하게 떠오릅니다. 이런 말들은 아버지와의 거리감을 만든 원인이 되었어요. 반대로 어머니는 항상 "우리 딸은 뭐든 잘할 거야. 엄마는 믿어"라고 하셨지요. 이런 엄마의 말은 어려운 상황이 닥칠 때마다 저를 오뚝이처럼 다시 일으켜 세우는 원동력이 되었습니다.

아이에게 일부러 상처를 주고자 말하는 엄마는 없습니다. 무심코 던진 한마디, 부지불식중에 툭 튀어나온 날카로운 어투가 아이의 마음 한구석에 남아 상처가 된 거예요. 엄마와 아이는 일상을 같이하는 삶의 동반자이자 깊은 사랑과 믿음, 기대가 뒤섞인 가족이거든요. 약이 되는 좋은 말이든, 독이 되는 나쁜 말이든 아이는 엄마의 말을 들을 수밖에 없습니다. 상처가 될 것 같아 귀를 막아도 그런 말은 더 또렷이 들려요. 엄마가 내뱉은 지 1초도 안 되어 후회한 말이어도 이미 엎질러진 물이지요.

오늘 아침, 빨리 등교 준비를 하지 않는 아이에게 속상한 말을 하지 않았나요? 어제 저녁, 약속한 과제를 하지 않았거나 늦은 밤까지 잠을 자지 않는 아이에게 "너 때문에 못살아"라는 말을 툭 내뱉지 않았나요? 어쩌면 내 아이도 나의 의도와 다르게 '엄마가 나 때문에 불행하구나' 하며 오해하고 있는지 모릅니다. 지나가는 엄마의 혼잣말에 밤새 조용히 눈물을 훔쳤던 어릴 적 자신처럼 말이에요.

아이는 왜 엄마의 말에 상처를 받을까요? 마음에 상처가 된다면 잊어버리면 될 텐데 꾸역꾸역 기억 창고에 담아 놓지요. 반대로 특별한 것 없는 엄마의 말이 왜 아이에게 용기와 위안이 될까요? 엄마는 기억조차 나지 않는 말인데요.

똑같은 상황에서 친구와 엄마가 "너 정말 형편없구나"라는 똑같은 말을 했다고 가정해 볼게요. 친구의 말은 "그 애가 나를 잘 몰라서 그래" 혹은 "그 애랑 나는 잘 안 맞나 봐"라고 넘길 수 있습니다. 하지만 엄마는 나를 가장 잘 안다고 믿는 존재거든요. 엄마는 나를 가장 사랑한다고 믿는 대상입니다. 대상관계 이론에서는 이것을 **중요한 타자**라고 하지요.

엄마의 말 한마디가 아이를 빛나게 해요

영유아기는 자신의 삶에서 영향력을 발휘할 타인과의 관계를 형성하는 시기입니다. 중요한 타자인 엄마의 말은 절대적일 수밖에 없어요.

어릴 적 엄마가 해준 말 중 가장 따뜻했던 말을 떠올려 보세요.

"사랑하는 우리 아들, 지금 마음이 어떠니? 힘든 일은 없니?"

"사랑하는 엄마 딸, 엄마는 늘 네 편이야."

만약 누군가 "너는 행복한 사람이니?"라고 물었을 때 "물론 난 행복한 사람이지"라고 대답할 수 있다면 그 사람은 어릴 적 엄마가 마음에 양식이 되는 말을 많이 해주었을 거예요. 그런 사람은 행복한 이유를 묻는 질문에 "우리 엄마가 날 얼마나 사랑했는데"라고 대답할 겁니다. 오랜 세월 나를 빛나게 해준 엄마의 말, 나를 행복한 사람으로 만든 말을 내 아이에게도 전해 보세요.

엄마는 세상에서 가장 사랑하는 내 아이에게 해주고 싶은 것이 참 많습니다. 남부러울 것 없이 키우고 싶어요. 원하는 것은 다 해주고 싶습니다. 하지만 세상의 좋은 걸 다 주기보다 더 중요한 게 있음을 잊지 말아야 해요. 칼보다 날카로운 말로 아이의 마음에 상처는 주지 말아야죠. 멋지게 지어 놓은 집도 금 하나로 무너질 수 있잖아요. 열심히 사랑으로 키운 아이의 마음에 금이 가고 있진 않은지 유심히 살펴보세요. 많이 주는 것보다 결핍 없이 키우는 게 먼저거든요.

아이 마음 알기 02

엄마는 아이 인생의 기준이에요

아이는 왜 엄마가 완벽할 거라 생각할까요?

인간은 누구나 자신의 가치관이나 생각, 행동을 결정하게 하는 삶의 기준이 있습니다. 예를 들어 기독교인은 하나님의 말씀대로 살고자 노력하지요. 불교인은 부처님의 말씀을 삶의 기준으로 삼고 그에 합당한 테두리 안에서 살고자 애를 씁니다. 종교가 없는 사람도 마찬가지예요. 최소한 자신이 속한 사회의 법과 규범 안에서 벗어나지 않고 적응하며 살고자 노력합니다.

아이에게 삶의 기준은 무엇일까요? 아이에게 최고의 기준은 바로 엄마입니다. 엄마의 말과 행동은 아이의 생각을 결정짓는 틀, 마음의 모양이 됩니다. 둥글둥글 동그라미 마음, 뾰족뾰족 세모 마음, 사랑이 넘치는 하트 마음 등 아이의 마음에 어떤 모양의 틀을 지어 주느냐에 따라 아이의 기준은 달라집니다. 엄마는 아이에게 법보다 중요한 기준이거든요. 성경보다 우선인 테두리이며 모든 선택의 방향을 제시하는 나침판 같은 존재지요.

누군가를 삶의 기준으로 생각한다는 건 웬만한 믿음이 있지 않으면 불가능하지요? 엄마에 대한 아이의 믿음은 본능적이고 무조건적입니다. 평소 아이들의 말을 잘 살펴보세요.

류빈: 우리 엄마는 요리도 잘해.

승우: 우리 엄마는 맨날 나한테 선물 사 줘.

준서: 우리 엄마가 살아 있는 공룡 사 준다고 했어.

세희: 우리 엄마는 나만 좋아해.

만 6세 이하 취학 전 아이의 경우 엄마에 대한 무조건적 믿음은 더욱 두드러지게 나타납니다. 이것은 영유아기 아동이 보이는 행동을 관찰해 보면 알 수 있어요. 예를 들어 취학 전 아동은 '빨간불에는 건너면 안 된다'는 규칙을 알면서도 엄마가 건너면 따라 건넙니다. 자신을 괴롭히는 친구에게 "너 우리 엄마한테 이른다! 우리 엄마 엄청 힘세거든"이라고 말하기도 하고요. 아이에게 엄마는 법보다 우선인 행동의 기준이고 무엇이든 해결 가능한 척척

박사거든요. 엄마에 대한 무한한 믿음 때문입니다.

사실 모든 엄마가 힘이 세지는 않잖아요. 살아 있는 공룡을 사 줄 수 있는 엄마는 없습니다. 그런데도 아이는 엄마를 무한대로 신뢰하며 대단한 존재인 듯 착각을 해요. 왜 그럴까요? 그건 아이가 자신이 약한 존재임을 알고 있기 때문입니다.

약한 아이는 의지할 대상이 필요해요. 엄마=완벽한 존재라고 믿고 싶은 마음이 가상의 완벽한 엄마를 만들어 비합리적 신념을 갖게 한 거예요. 심리적으로 불안하거나 자립심이 부족한 사람 중에 캥거루족(자립할 나이가 되었는데도 부모에게 기대어 사는 젊은이들을 일컫는 말)이 많은 것도 같은 원리입니다. 캥거루족의 부모가 부자여서 의지하는 게 아니라는 거지요. 누군가에게 의존하고 싶은 마음 때문에 부모의 상황이나 능력과는 상관없이 가상의 완벽한 부모, 이상적인 부모를 만들어 낸 겁니다.

아이가 세상에서 가장 믿고 싶은 사람은 엄마입니다

엄마에 대한 아이의 무한 신뢰와 관련해서 의미 있게 생각해 봐야 할 사례를 소개할게요.

매주 놀이치료를 받고 있던 초등학교 2학년인 우성이가 어느 날 예약된 놀이 시간을 훌쩍 넘어서 상담실에 도착한 적이 있었습니다. 우성이는 뭔가 잔뜩 화가 난 듯 씩씩거리며 엄마와 함께 상담실에 들어왔어요.

상담사: 화가 많이 났나 보구나.

우성: (말은 하지 않고 벽을 치며 분노를 표현한다.)

엄마: (상담사에게 다가와 작은 소리로) 제가 오는 길에 접촉 사고를 냈거든요.

우성: (눈물을 흘리며) 엄마가 뭐 저래! 엄마도 아니야.

언뜻 보면 잘 이해되지 않는 상황입니다. 그러나 아이의 입장에서 보면 충분히 이해할 수 있는 모습이에요. 아이는 현실의 엄마≠완벽한 존재임을 알게 된 겁니다. 자신이 믿고 의지해야 할 엄마가 사실은 자기처럼 나약하고 실수도 하고 때론 틀리기도 하는 사람이란 걸 느끼고 경험한 거예요. 엄마에 대한 신뢰가 무너지면서 더 이상 자신이 의지할 수 있는 대상이 없음을 깨닫게 되었지요. 그러니 불안해질 수밖에요.

심리적으로 불안한 아동이나 어린 영유아일수록 무조건적이었던 신뢰가 좌절되면 그 실망감은 더 크게 작용할 수밖에 없습니다. 왜냐하면 심리적으로 불안한 아이일수록 의지해야 할 대상을 더 크게 왜곡하고 극대화하거든요. 믿었던 엄마가 나약한 존재임을 경험하는 순간 그 믿음은 더 큰 좌절과 불안으로 다가오지요.

예를 들어 평소 또래와 잘 어울리지 못하거나 정서적으로 불안한 아이가 “난 엄마가 제일 좋아”라며 자칫 과하게 애정을 표현하는 모습, 많이 보셨을 거예요. 하지만 어느 순간 엄마에게 실망하게 되면 아이는 “엄마가 세상에서 제일 싫어”라며 과하게 정반대의 말을 하지요. 별것 아닌 일에도 크게 분노하며 양가감정(상호 모순되는 감정이 동시에 공존하는 상태)을 보이는 건 바로 이런 이유 때문이에요.

아이 앞에서 자신을 낮추어 말하지 마세요

요즘 젊은 엄마들을 보면 아이를 존중해 주기 위해 상대적으로 자신을 낮추는 모습을 종종 보게 됩니다. 놀이를 하다가도 “엄마는 잘 모르잖아. 네가 알려줘”, “엄마는 잘 못 만드니까 네가 좀 해줘”라고 하지요. 직장맘의 경우 열심히 일을 하고 힘들게 집에 돌아와서는 “엄마가 미안해”라고 말합니다. 약속을 했는데 약속을 지키지 않았거나 엄마가 실수를 했다면 사과를 해야 하는 건 맞아요. 하지만 엄마는 직장인이라 열심히 일을 하고 온 것뿐이에요. 엄마로서 아이를 챙기며 일에 최선을 다했잖아요. 그러니 미안해 할 필요는 전혀 없습니다. 아이 역시 늘 미안해 하는 나약한 엄마를 보고 싶어 하지 않아요.

혹시 하루에도 여러 번 "엄마가 미안해"라고 습관적으로 말하고 있지 않나요? 만약 그렇다면 아이는 '엄마는 믿을 수 없는 나약한 존재구나'라는 불안감을 키우고 있을지도 몰라요. 우리가 아이에게 미안해야 하는 경우는 하루를 대충 살았거나 마음에 상처를 주는 등 좋지 못한 모델링을 보여 줬을 때뿐입니다. 아이를 존중해 주기 위해 나를 낮출 필요는 없어요. 아이 마음의 기준이 되는 엄마는 매 순간 행복하게 모델링을 보여 주려 노력하면 됩니다. 그러면 아이는 자연스럽게 엄마를 믿고 의지하며 엄마가 만들어 준 예쁜 마음의 틀을 기준으로 잘 성장해 갈 거예요.

질문 있어요

Q. 엄마가 뭐든 다 해줄 수 있다고 착각하는 아이의 생각을 빨리 깨 줘야 하는 것 아닐까요? 계속 의존하면 어떻게 하죠?

A. 아이의 자연스러운 발달 과정에서 나타나는 비합리적 신념을 반드시 빨리 깨 줘야 할 필요는 없어요. 엄마가 유아기 아동의 물활론적 사고(예를 들면 책상, 구름 등 무생물을 살아 있다고 믿는 유아기만의 독특한 사고)를 인정해 주는 것처럼, 엄마에 대한 무조건적 믿음과 우상화도 유아기 아동이 믿고 싶은 대로 잠시 내버려 두어도 괜찮습니다.
결국 아이도 유아기를 넘어 아동기, 청소년기, 성인기로 성장하면서 엄마도 완벽하지 않은 사람이었고, 엄마라는 역할이 처음이었으며, 연약한 여자였음을 자연스럽게 알게 될 날이 올 테니까요.

Q. 아이가 엄마를 절대적으로 믿고 따른다면 엄마의 말을 잘 들어야 하지 않을까요?

A. 아이에게 엄마가 중요한 존재라고 하지만 정작 엄마의 말을 잘 듣지 않는 아이 때문에 힘들어 하는 부모님들이 많지요. 만약 아이가 엄마의 말을 잘 듣지 않는다면 애착관계가 안정적으로 이뤄졌는지 점검이 필요합니다. 불안정 애착 아동의 경우, 세상을 볼 때 까만 선글라스를 끼고 세상을 볼 수 있어요. 까만 선글라스를 끼고 세상을 보면 빨갛고 맛있게 생긴 사과도 회색으로 보이잖아요. 선글라스를 빼고 보는 순간 아이는 엄마의 말이 얼마나 자신에게 도움이 되고 감사한 말인지 알게 될 거예요.

Q. 아이가 엄마를 믿고 따르도록 엄마 생각대로 밀고 가면 되는 건가요?

A. 아이가 믿고 의지할 완벽한 존재란 강한 사람, 센 사람, 마음대로 하는 사람이 아니에요. 우리가 믿고 의지하고 싶은 사람은 항상 너그럽고, 말하지 않아도 알고, 스스로 해 볼 기회를 주면서도 따뜻한 사랑을 느끼게 하는 존재이니까요.

Q. 그럼 엄마는 실수도 하면 안 되고, 완벽해야 하는 건가요?

A. 항상 그런 것은 아니에요. 평소 밝고 씩씩하고 긍정적이며, 매사 성실하고 바른 생활 태도를 보이던 엄마가 정말 몸이 아파 누워 있거나 간혹 실수를 했다고 아이가 엄마를 나약한 존재, 믿을 수 없는 존재로 생각하지는 않아요. 그때는 오히려 아이가 평소와 다른 엄마를 보며 더 의젓한 모습으로 이번엔 자신이 더 엄마를 지켜주고자 노력할 겁니다. 아이가 엄마와 평소 안정적인 애착 관계를 형성했다면 위기에서 더 큰 긍정의 힘을 발휘할 거예요.

아이 마음 알기 03

엄마의 말이 아이의 말을 결정해요

엄마와 아이 관계에 대화가 왜 중요할까요?

양육에서 빼놓고 이야기할 수 없는 단어가 **애착**입니다. '애착이 중요하다'라는 말 들어 보셨지요? 애착은 초기 엄마-아이 관계의 질을 의미하고 관계의 질은 마음의 질을 결정하지요. 안정 애착을 형성하기 위해서는 정서적 민감성, 온정적 양육 지원, 민주적 양육 태도, 아이의 기질 및 발달적 이해 등이 중요합니다. 그리고 어떤 관계든 대화와 말이 관계의 질에 영향을 미치듯 엄마-아이 관계에서도 의사소통은 무엇보다 중요한 요인이지요. 성장 과정 중 엄마-아이 간 대화는 아이의 마음을 견고하고 단단하게 만들 수도, 어려운 상황에서 금방 흔들리고 부서지게 만들 수도 있습니다.

'0~2세의 아기는 말도 못 하는데 무슨 의사소통이냐'라고 생각하시나요? 인간은 혼자서는 살아갈 수 없는 존재잖아요. 그래서 아기는 생존을 위한 관계 욕구를 본능적으로 가지고 태어납니다. 말은 아니지만 울음으로 관계 맺기를 시도하는 거지요. 더욱이 아기의 의사 표현은 매우 확실하기까지 합니다. 바로 이런 아기의 본능적인 욕구 표현에 엄마가 어떻게 반응하느냐가 관계의 질, 애착을 결정하는 거예요. 사례를 한번 살펴볼까요?

19개월 아기와 엄마, 외할머니가 주말에 외출 준비를 합니다. 평소 직장을 다니는 엄마가 오랜만에 아기를 안아 주려고 해요. 그런데 아기는 할머니에게 가고 싶은 듯 칭얼거리며 할머니 쪽으로 팔을 뻗습니다. 엄마는 아기를 외할머니에게 넘겨줍니다.

엄마: 이거 봐, 얜 내가 안아 주는 것도 싫대. 그래, 가라.

의사소통은 상호작용, 즉 한 사람이 생각이나 뜻을 표현하면 이에 상대가 보인 반응까지를 의미합니다. 위 사례에서 낯설음에 대한 아기의 욕구 표현에 엄마가 보인 부정적 반응은 미래 엄마와 아기의 관계에 부정적인 영향을 미치지요. 만일 엄마가 이렇게 반응했다면 어땠을까요?

엄마: 우리 딸이 할머니 품이 더 편한가 보구나. 엄마도 사랑하는 우리 딸 한번 안아 보고 싶어. 엄마 한 번만 안아 주면 안 돼?

자신의 마음을 알고 공감해 주는 엄마, 자신과 친해지려고 노력하는 엄마, 자신은 거부했어도 사랑을 표현하는 엄마에게 아기는 안정된 애착을 형성했을 거예요. 이후 누군가로부터 상처를 받거나 힘든 일이 있을 때, 언제든 자신을 품어 줬던 따뜻한 엄마의 말을 기억하고 힘을 얻을 겁니다.

말 못 하는 아기와 하루 종일 있으면서 독박육아를 할 때, 자신이 너무 초라하게 느껴질 때가 있잖아요. 하지만 무가치해 보이고 무료한 일상 속에서 엄마가 아기에게 보인 반응이 사실은 세상에서 가장 가치 있는 일이랍니다.

4개월 된 수민이가 뒤집기를 시도하고 있습니다. 저도 그랬고 많은 엄마들이 매일 하고 있는 일상의 모습이에요.

엄마: 조금만 더, 조금만. 아이고, 잘하고 있어. 힘내. (미소를 짓는다.)

수민: (잠시 엄마를 쳐다보더니 다시 뒤집으려 고개를 바짝 든다.)

엄마: (수민이가 뒤집자) 잘했어. 잘했어. 아이고, 우리 아기 장해라!

엄마는 수민이를 번쩍 들어 안아 주고 볼에 뽀뽀를 합니다. 세상에 태어나 처음 스스로 뒤집느라 온갖 힘을 쓰는 아기를 보며

“잘하고 있어! 할 수 있어!”라며 응원하는 엄마의 말! 아기가 온 힘을 다해 젖을 빨 때 부드러운 목소리로 “배고팠어? 잘 먹네”, “아이고, 예뻐” 하는 엄마의 말! 다들 해 보셨지요?

별것 아닌 듯한 엄마의 반응이 아기에게는 마음의 질, 울림과 감동, 믿음의 기초가 되는 애착 형성의 중요한 요인입니다. 엄마가 아기의 의도와 욕구를 빨리 정확히 알아차리고 긍정적으로 반응해 주는 것은 이후 아기의 자아 개념, 자존감 형성에 매우 큰 도움이 되거든요.

반대로 자고 일어나 깼다는 신호를 보냈는데도 아무런 반응을 해주지 않는다면 아기는 어떨까요? 엄마 냄새와 엄마 손길이 필요해서 안아 달라고 보챘더니 엄마가 “그만 울어!”라고 반응한다면? 아마 아기는 세상을 매우 부정적으로 인식할 거예요. 자신이 사랑받지 못하는 쓸모없는 존재라고 생각할 겁니다.

엄마의 말하기 유형대로 아이도 이야기해요

아이가 말을 할 줄 아는 3세 이후, 엄마와 아이 간 의사소통은 더욱 세밀하고 중요해집니다. 특히 이 시기 아이는 언어 발달이 폭발적으로 이루어지는 시기거든요. 엄마와 의사소통이 풍성하고 원활한 아이의 경우 다양한 언어와 의사소통의 유형을 경험하게 되지요. 이는 언어와 인지 발달에 큰 도움이 됩니다.

엄마와 의사소통이 잘 된다는 것은 아이가 엄마의 말 듣기를 좋아한다는 뜻이기도 해요. 이는 아이가 타인의 말을 잘 듣는다는 의미이기 때문에 사회성 발달에도 긍정적인 영향을 미치지요. 무엇보다 엄마의 의사소통 유형은 아이가 또래 친구에게 보이는 의사소통의 유형에 그대로 반영됩니다.

태준이 어머니는 평소 지시적이며 딱딱한 어투에 통제적인 의사소통을, 서연이 어머니는 다정한 어투에 감정 코칭형의 의사소통을 합니다. 아래는 6세 태준이와 서연이가 유치원에서 자유 놀이를 하는 장면입니다. 서연이가 블록으로 만들기를 하고 있는데 태준이가 다가와 블록 통을 자기 앞으로 바짝 당깁니다.

서연: 태준아! 나 하고 있잖아. 같이 해야지.

태준: 나도 만들 거 있다고! 너 앞에 두면 내가 불편하잖아.

서연: 알았어. 그럼 내가 그쪽으로 갈게.

평소 태준이 엄마는 타인의 감정보다 자신의 입장에서 주로 말하는 통제적인 의사소통을 했어요. 그러다 보니 유치원에서 태준이도 친구의 상황이나 감정보다는 자신의 욕구가 우선이 되어 지시하고 전달하는 식의 의사소통을 하고 있지요. 반대로 엄마가 아이의 감정에 공감하며 서로에게 합리적인 타협의 말로 의사소통한 서연이는 공감과 타협의 소통 방식을 사용하고 있어요.

만약 내 아이가 엄마–아이 관계 혹은 또래 사회성에서 어려움을 겪고 있다면 엄마 말의 의사소통 유형과 질을 반드시 점검해 보세요. 엄마가 아이와 하는 대화만 바꿔도 아이의 문제 행동이 상당 부분 해결될 수 있거든요. 예를 들어 볼게요.

수혁이는 또래와 잦은 갈등을 보이는 7세 남아입니다. 수혁이와 엄마는 오랜만에 함께 놀이를 하기로 했어요.

수혁: 엄마, 빨리 놀자. 와! 경찰차다.

엄마: 그거, 애기 거 아니야? (관심 없이 다른 데를 본다.)

수혁: 이거 문도 열려. 이것 좀 봐.

엄마: (하품하며 잠깐 보더니) 아, 그래. (금방 다른 곳으로 간다.)

수혁: 엄마! 왜 안 놀아!

짧은 대화지만 이 장면은 많은 의미를 내포하고 있습니다. 수혁이 엄마는 수혁이의 놀잇감 선택을 무시한 채 비아냥거리고 있어요. 마치 수혁이와 함께 하는 놀이가 재미없다는 듯 하품을 하고 다른 곳으로 가 버리지요. 놀이는 아이가 주도하고 가장 존중받아야 하는 상황이잖아요. 하지만 수혁이는 놀이에서조차 인정받지 못하고 있어요.

엄마에게 존중받지 못한 수혁이는 친구와 놀이를 할 때 어떤 모습일까요? 자신과 친구의 마음을 공감하고 수용하며 사이좋게 놀 수 있을까요? 아래 모습은 유치원의 자유 놀이 시간에 수혁이가 친구와 노는 장면이에요. 현진이가 다른 친구와 그림을 그리며 놀이를 하고 있습니다.

수혁: 현진아, 나랑 놀자.

현진: 나 아직 그림 다 못 그렸어. 이거 다 그리고 놀자.

수혁: (현진이가 그림 그리는 것을 기다리지 못하고) 야! 나랑 놀자. 너 왜 나랑 안 놀아! (현진이의 그림을 구긴다.)

현진: 야! 왜 내 그림 구겨! (눈물을 터뜨린다.)

엄마로부터 존중받은 아이가 남을 존중할 줄 알아요. 엄마와 함께 나누고 협동하고 엄마의 공감을 받으며 즐겁게 논 경험이 많은 아이일수록 또래와 잘 노는 것은 당연합니다. 내 아이가 또래와 잘 어울리지 못하고 갈등이 많은 모습을 보인다면 자신이 평소에 하는 말의 유형을 점검해 보고 좋은 엄마의 말 연습을 해 보세요.

아이 마음 알기 04

아이는 부모의 등을 보고 자랍니다

엄마의 말과 행동 중에 아이는 무엇을 더 중요하게 여길까요?

우리는 사랑하는 아이에게 가르쳐 주고 싶은 것이 참 많아요. 가르치는 방법은 주로 말을 많이 하지요. 한 번 말해서 안 들으면 두 번 말하고 두 번 말해서 안 들으면 세 번…. 백 번을 말해서라도 아이를 바르게 가르치고 싶은 것이 엄마의 마음입니다. 그렇지만 아이가 엄마의 말을 100퍼센트 신뢰할까요? 열 번 해도 안 들었는데 백 번 말하면 들을까요? 만약 엄마가 '이것'을 빠뜨렸다면 백 번 아닌 천 번을 말해도 긍정적 영향을 미치지 못할 거예요. 그건 바로 엄마의 태도, **비언어 의사소통**입니다.

‘자식은 부모의 등을 보고 자란다’라는 말이 있지요? 자녀는 부모가 보여 주고 싶은 모습보다 살면서 부모 자신도 모르게 보여 주는 모습을 더 많이 보고 자랍니다. 의도적으로 가르치는 말보다 일상 속 부모의 태도를 더 잘 배우는 게 아이지요. 그러면 우리가 평소 많이 하고 있는 실수들을 한번 살펴볼까요?

친구를 때리면 안 된다고 가르친 엄마가 동생을 때린 큰아이에게 “너, 동생 때리지 말라고 했지?”라며 큰아이의 이마를 한 대 콩 때립니다. 아이는 때리면 안 된다는 엄마의 말을 믿을까요, 자신의 이마를 때린 엄마의 행동을 믿을까요?

우리는 아이에게 용기를 주기 위해 “엄만 널 믿어”라는 말을 많이 합니다. 하지만 아이의 힘없는 어깨를 보는 순간 뒤돌아 한숨을 쉬지요. 똑같은 잔소리를 반복하고 한숨 쉬는 엄마의 뒷모습을 볼 때 아이의 마음은 어떨까요? 단언컨대 아이는 엄마의 말을 전적으로 믿지 않습니다. 단지 평소 엄마의 행동과 태도를 관찰해 두지요. 안 보는 듯하지만 아이는 어느새 엄마의 행동과 태도를 그대로 따라 합니다.

예를 들어 친구와 사이좋게 놀아야 한다고 가르친 엄마가 매번 부부 싸움을 하고 있다면 아이는 친구와 의견이 충돌할 때마다 싸움으로 갈등을 해결하겠지요. 휴대폰을 자주 보면 눈이 나빠지고 TV는 바보상자라고 했던 엄마가 심심할 때마다 휴대폰과 TV를 본다면 아이는 무슨 생각을 할까요?

진심 어린 배려와 바른 태도를 보여 주세요

말로 가르칠 때는 아이가 엄마인 나를 볼 때 어떻게 생각할지를 먼저 되돌아봐야 해요. 아이들은 다 알거든요. 엄마가 말로만 가르치는 건지, 엄마의 삶을 통해 몸소 보여 주고 있는지 다 알고 느끼고 있습니다. 간혹 아이 중에 말로는 다 잘하는데 실제 행동이나 의도가 별로 좋지 못한 경우들이 있어요. 예를 들어 평소 마음에서 우러나와 남을 돕는 아이가 있는 반면 수행평가를 잘 받기 위해 봉사하거나 타인으로부터 좋은 평가를 받기 위해 선행을 하는 아이가 있지요.

겉핥기식이냐 진심이냐의 차이는 마음의 깊이에서 나옵니다. 마음의 깊이는 듣고 배워서 나오는 것이 아니라 직접 보고 몸으로 실천하면서 나오기 때문에 엄마의 태도는 중요할 수밖에 없어요. 엄마가 먼저 배려하고 나누고 협동하면서 타인과 관계 맺기의 바른 행동을 보여 주세요. 아이는 열 번 말로 가르치지 않아도 자연스럽게 엄마의 행동을 따라 할 겁니다.

아이 마음 알기 05

아이는 아직 감정 조절에 서툴러요

심하게 떼쓰는 아이에게 어떻게 말해야 할까요?

아이의 마음을 바르고 예쁘게 짓기 위한 엄마의 말은 꼭 예쁜 말, 듣기에 기분 좋은 말이어야 한다는 뜻은 아닙니다. 잘못한 일에 대해서는 야단도 쳐야 하고 중재도 해야 하는데 어떻게 긍정적인 말만 하겠어요.

엄마가 하는 말의 내용도 중요하겠지만 여기서는 말하는 방식에 대해 구체적으로 살펴보려고 해요. 어떤 내용의 말을 하든 말하는 방식만 바꿔도 충분히 상대가 나를 존중한다는 느낌을 줄 수 있거든요. 말하는 방식, 즉 말을 하는 유형에 따라 레벨이 있습니다. 많은 상담사들이 엄마가 아이와 나누는 의사소통을 통해 유형을 나누고 좋은 대화와 나쁜 대화에 대해 조언하곤 하지요. 의사소통을 보면 애착 관계와 부모의 양육 태도 등을 알 수 있거든요.

예를 들어 키즈 카페에서 더 놀고 싶은 아이와 집에 가자고 하는 엄마의 갈등 상황에서 나타날 수 있는 의사소통을 통해 엄마가 하는 말의 유형을 살펴보도록 할게요.

* **지시·통제형 엄마의 말**

  아이의 감정은 무시하고 엄마의 말만 하는 유형

  "아니야. 이제 갈 시간이야. 충분히 많이 놀았어. 이제 여기도 곧 끝난대."
  "집에 가서 밥도 먹고 씻고 자야지. 얼른 와! 안 오면 엄마 혼자 간다."

* **축소·전환형 엄마의 말**

  아이의 관심을 다른 곳으로 돌려 상황을 모면하려는 유형

  "많이 놀았으니까 가자. 대신 엄마가 마트 가서 ○○○ 사 줄게."

* **방임형 엄마의 말**

  아이의 감정에 휘둘려 엄마의 말에 영향력이 없는 유형

  "알았어. 그래 놀아. (영업시간이 끝날 때까지 놀도록 내버려 두다가 점원에게 도움을 청한다.) 이제 끝났지요? 이제 문 닫는 시간이지요?"

* **감정 코칭형 엄마의 말**

아이의 감정에 공감하되 행동을 제한하는 유형

"마지막에 들어온 모래 놀이실이 재미있나 보구나. 그런데 이제 가야 할 시간이야. 엄마가 모래 놀이 할 시간을 얼마나 더 기다려 주면 될까? (아이가 제안하는 시간을 들어본다. 아이가 100시간이라고 말한다!)
그렇게 많이는 기다릴 수 없어. 이제 엄마가 집에 가서 저녁밥을 지어야 할 시간이거든. 그럼 바늘이 여기 올 때까지만 엄마가 기다리면 될까? (아이와 함께 시간을 정한다.)
이제는 놀이를 정리해야 할 시간이니까 모래 놀이만 5분 더 하고 가자. (아이가 하던 놀이를 마무리하는 동안 짐을 챙기며 정리한다.)"

감정 코칭형 대화법으로 아이와 이야기하세요

영유아기 아동의 조절 능력은 아직 다 완성되지 않았습니다. 그렇다 보니 일상생활에서 갈등이 자주 일어날 수밖에 없지요. 마트만 가면 뽑기, 장난감을 사달라고 하고요. 어린이집에 가기 싫다며 매일 아침 떼를 씁니다. 밥을 씹지 않고 물고 있거나 밥 먹기 싫어서 투정 부리는 것은 늘 반복되는 일이지요. 아이와 하루를 함께 지낸다는 건 마치 전쟁 같은 갈등의 연속입니다.

하루에도 수십 번 반복되는 갈등 상황에서 엄마가 지시·통제형으로 말한다면 아이는 어떨까요? 아마 엄마=자기 마음대로 하는 사람이라고 인식할 거예요. 힘센 엄마가 가정에서 마음대로 하는 것을 경험했기 때문에 아이도 또래 관계에서 자신이 힘센 역할을 하고 싶어 하거나 힘을 과시하려고 할지도 모릅니다. 게다가 엄마가 했던 말의 방식과 똑같이 상대의 감정을 이해하기보다는 자신이 하고 싶은 말을 주로 할 거예요.

두 번째 축소·전환형 엄마의 말은 어떨까요? 축소·전환형이란 갈등의 근본 원인에서 합리적인 방법을 찾기보다 다른 곳으로 관심을 돌리는 유형이에요. 대충 상황을 모면하는 거지요.

예를 들어 볼게요. 출근하는 엄마와 떨어지기 싫을 때 아이는 많이 울잖아요. 우는 아이의 모습을 보고 싶지 않아 TV를 틀어 놓고 몰래 도망가는 엄마들이 있어요. 아이는 갈등 상황에서 스스로의 감정을 조절하는 연습을 해야 합니다. 작은 감정 조절을 해 보는 경험을 통해 큰 감정도 조절할 수 있는 힘이 생기거든요. 하지만 이 경우 아이는 스스로 감정을 조절할 수 있는 기회조차 주어지지 않았기 때문에 감정 조절 능력을 키우기 어려워요. 순간은 모면해서 갈등이 해결된 듯 보이지만 아이의 떼쓰기는 날이 갈수록 더 심해질 거예요.

세 번째 방임형 엄마의 말을 살펴볼게요. 갈등 상황에서 아이가 원하는 것은 웬만하면 다 해주는 유형입니다. 가장 위험한 의사소통 방식이지요.

마지막으로 **감정 코칭형** 엄마의 말을 듣고 자란 아이는 어떨까요? 엄마는 이미 아이의 마음이 어떤지를 구체적으로 잘 알고 있습니다. 키즈 카페에 온 지는 오래되었지만 모래 놀이실에 들어온 지는 얼마 되지 않았으니 아이의 입장에선 충분히 아쉬울 겁니다. 이때 감정 코칭형의 엄마는 아이의 상황과 감정을 충분히 알아차리고 공감해 줍니다. 현재의 상황과 엄마 입장을 명확히 전달하는 것도 잊지 않아요. 그리고 아이와 함께 합리적인 대안과 제한을 설정합니다.

평소 감정 코칭형의 대화를 많이 듣고 자란 아이는 스스로 감정을 잘 조절할 줄 알게 돼요. 정서적으로 안정될 뿐만 아니라 또래 친구들과의 관계에서도 합리적으로 문제를 해결하지요. 그래서 또래에서 인기가 많을 가능성이 높습니다.

아이의 감정을 알아주면 공감 능력이 커져요

하고 싶은 말만 하는 지시·통제형 엄마의 말은 종지와 같아요. 아무리 많이 담고 싶어도 어느 순간 담아지지 않거든요. 중심 내용과 상관없이 대충 관심을 돌리는 축소·전환형 엄마의 말은 구멍 뚫린 그릇이나 마찬가지입니다. 열심히 채운 것 같지만 결국 담긴 건 없지요. 기준 없이 아이가 원하는 대로 해주는 방임형 엄마의 말은 얇은 유리그릇과 같습니다. 애지중지 담아 보지만 작은 충격에도 바로 깨질 수밖에 없어요.

혹시 육아서나 부모 교육에서 '부정적인 말보다는 긍정적인 말로 타일러라'라는 문장을 본 적이 있나요? 예를 들면 "뛰지 마!"라는 말보다는 "천천히 걷자"라고 말하는 것이 낫다는 의미입니다. 그런데 엄마들 중 몇몇 분들은 이 문장을 오해해서 아이에게 부정어를 쓰면 안 된다고 생각하는 분들이 있더라고요. 단언컨대 조절 능력이 부족한 아이에게 '안 된다', '하지 마라'라는 말을 아끼면 절대 안 됩니다. 문제 행동과 관련된 많은 연구들의 결과에서도 방임형의 부모에게서 자란 아이들이 공격성이 높고 조절 능력이 낮은 것으로 보고되었다는 점을 잊지 마세요.

엄마의 말 유형 중 어느 유형이 가장 튼튼하고 큰 그릇인지는 말하지 않아도 알 수 있을 거예요. 감정 코칭형 엄마와 대화하며 자란 아이는 세상의 많은 조언과 지혜를 담을 수 있습니다. 갈등이 생겼을 때도 내 주장만 펼치는 것이 아니라 타인의 마음을 헤아리고 합리적으로 해결해 나가기 때문에 깨지지 않고 단단하지요. 엄마가 하는 말의 유형대로 아이의 마음 크기도, 아이가 하는 말의 수준도 달라집니다. 지금 내가 아이에게 하고 있는 말의 유형을 꼭 점검해 보세요.

아이 마음 알기 06

엄마의 말이 아이의 행복 호르몬을 키웁니다

아이가 세상을 부정적으로 바라보면 어떻게 하죠?

아이와 보낸 하루를 색깔로 표현한다면 무슨 색깔이 떠오르시나요? 하루 중 등원이나 등교를 준비할 때, 유치원이나 학교에 다녀온 후, 엄마가 저녁 준비를 하는 동안, 저녁을 먹고 씻어야 할 때, 잠자기 전 등의 느낌을 아이에게 색깔로 표현하라고 하면 무슨 색깔을 고를 것 같나요?

인간은 누구나 매 순간 다른 감정들을 느낍니다. 이 감정들은 하루 동안에도 수십 번, 수백 번 계속 바뀌지요. 같은 장소, 같은 시간이라도 사람마다 느끼는 감정은 모두 다를 거예요. 학교에 가는 게 즐거운 아이는 친구와 놀 생각에 아침에 일어나는 시간을 설레며 맞이하겠지요. 과제를 하지 않아 야단맞을 것이 뻔한 아이는 두려움과 걱정으로 아침을 맞이할 거예요. 유치원 친구들에게 인기가 많은 아이는 유치원에 있는 동안 기쁨과 몰입, 즐거움과 성취감 등 밝고 긍정적인 감정으로 가득하겠지요. 친구가 나랑 놀아 줄까 걱정하며 유치원에 간 아이는 두려움과 긴장감, 외로움과 상실감, 걱정과 불만 등 부정적인 감정으로 가득 찬 하루를 보낼 겁니다.

하루를 어떤 이미지의 색깔과 어떤 감정들로 채웠느냐는 아이의 성장에 매우 중요한 영향을 줄 수 있습니다. 뇌의 신경전달물질 중 '행복 호르몬'이라고 불리는 **세로토닌**에 대해 들어 보신 적 있으실 거예요. 세로토닌이 많이 분비되는 사람은 뭔가 기분이 상하고 스트레스를 받는 상황이 생겨도 일탈하고픈 충동을 억제할 수 있습니다. 이는 자세나 표정 등에도 좋은 영향을 주어 다른 사람들에게 좋은 인상을 주지요. 또한 다른 사람의 표정, 몸짓 등을 빨리 캐치할 수 있기 때문에 대인 관계가 훨씬 좋다는 연구 결과들도 최근 많이 발표되었습니다.

하루를 즐거움과 기쁨, 만족감과 설렘, 뿌듯함, 편안함, 행복 등 긍정적인 감정으로 보낸 아이는 세로토닌이 많이 분비되지요. 적극적인 생활 태도는 신체 발달에도 도움이 됩니다. 이런 아이는 다른 사람들의 이야기를 긍정적으로 받아들이기 때문에 인지 능력과 언어 능력, 사회성과 정서 등도 긍정적으로 발달합니다.

반대로 일과 중 많은 시간을 고민과 불만, 두려움과 낯섦, 짜증과 화, 수치심, 부러움, 지루함 등 부정적인 감정으로 보낸 아이는 어떨까요? 세상을 부정적으로 바라보고 위축된 자세로 하루를 보낼 거예요. 경직되고 소극적인 태도는 어떤 자극도 잘 받아들이지 않으니 모든 영역의 발달이 더딜 수밖에 없습니다.

아이가 어떤 하루를 보냈는지 매일 물어보세요

똑같은 교육을 받는다고 해도 하루를 어떤 감정으로 보내느냐에 따라 결과는 많이 다릅니다. 행복한 아이, 웃는 아이는 100만큼씩 성장하는 반면 웃지 않는 아이, 불안한 아이는 10만큼씩 성장한다고 볼 수 있어요.

그렇다고 하루 종일 아이에게 기분 좋은 일들만 생기도록 관리하라는 뜻은 아닙니다. 아이가 행복한 감정만을 느끼고 살도록 할 수는 없어요. 하지만 경험하는 시간에서 긍정과 부정의 감정이 몇 대 몇 정도의 비율로 채워지는가는 중요합니다.

지금 내 아이의 표정을 생각해 보세요. 과연 아이는 긍정과 부정의 감정을 하루 동안 몇 대 몇 정도로 느낄까요? 5 대 5 정도로 느낄지, 1 대 9 아니면 9 대 1 정도로 느낄지 떠올려 보세요. 그리고 엄마의 예상대로 아이가 느끼고 있는지 아이의 표정을 관찰해 보세요.

저는 세상의 모든 아이들이 하루 중 90퍼센트 이상의 시간을 행복과 즐거움, 만족감과 기쁨, 설렘과 자랑스러움 등 긍정적인 감정으로 보낼 수 있었으면 좋겠습니다. 어른들로부터 야단보다는 칭찬과 격려를 받았으면 합니다. 또래와 경쟁하기보다는 편안한 분위기 속에서 마음껏 웃을 수 있기를 바라요. 무관심보다는 관심을 통해 충분히 사랑받는다고 느낄 수 있었으면 좋겠습니다.

무엇보다 하루 중 엄마에게 듣는 말이 용기와 격려, 믿음을 전달하는 말로 가득하길 희망해요. 사랑과 감사, 인정과 공감, 진실과 행복의 말은 아이의 마음을 더욱 선명하고 밝고 아름다운 색깔로 채울 거예요. 아이의 표정에 관심을 갖는 엄마의 말은 아이의 마음을 깨끗한 하얀색으로 만들 겁니다.

엄마의 관심으로 시작된 말은 점차 또 다른 다양한 색깔들로 채워지겠지요. 상냥한 엄마의 말은 아이의 마음을 핑크색으로 물들일 것이고 아이를 웃게 하는 엄마의 말은 시원한 바다의 파란색으로 물들일 거예요. 우리 아이들의 마음이 형형색색의 다양하고 예쁜 색깔로 가득 채워져서 우리 사회가 더욱 깨끗하고 밝고 행복해지길 간절히 바랍니다.

아이 마음 알기 07

아이는 엄마에게 기대를 하고 말해요

아이가 무엇을 원하는지 어떻게 알 수 있을까요?

남편과 연애하던 때를 기억하시나요? 결혼 전 이상형은 어떤 사람이었나요? 많은 분들이 이상형으로 '말이 통하는 사람'을 이야기하곤 합니다. 말이 통하는 사람이란 내면의 마음을 잘 알아주는 사람이겠지요. 예를 들어 화난 마음에 "됐어! 차 세워. 나 혼자 갈 거야"라며 차에서 내렸는데 정말 차를 몰고 가 버린 상대와는 오랜 연인 관계를 유지할 수 없어요. 서운한 마음에 "다시는 전화하지 마"라고 했다고 진짜 연락을 안 한다면 그 사람과는 긴 인연을 맺기 어렵습니다.

반대로 외모는 조금 성에 차지 않아도 위로가 필요할 땐 진심 어린 공감과 위로를, 현명한 선택이 필요할 땐 혹여 내 마음이 다칠까 매우 조심스럽게 조언해 주는 사람이라면 어떨까요? 많은 사람들이 '계속 얘기하고 싶다', '이 사람과는 말이 잘 통하는구나'라고 느낄 겁니다. 아마도 많은 엄마들이 결국은 말이 잘 통했던 남편과 결혼을 했을 거예요. 이처럼 인생에 한 번뿐인 배우자를 선택하는 기준으로 '말'을 중요하게 생각하듯, 말을 잘 들어 주고 상대의 기분이 상하지 않도록 배려하며 말하는 것은 관계에서 매우 중요한 요인임이 틀림없습니다.

대화가 첫인상과 관계의 시작에서만 중요한 건 아니에요. 이미 관계가 형성된 뒤 관계의 질, 유지 기간을 결정하는 데도 대화는 매우 중요한 역할을 합니다.

예를 들어 볼게요. 결혼 후 남편에게 상사에 대한 속상한 마음을 털어놓은 적 없으신가요? 만약 남편이 "거봐, 내가 그렇게 하라고 했지?"라며 나를 비난하거나 "내가 상사 입장이라 아는데…"라며 상사 입장에서 나를 설득하려 한다면 어떨까요? 고민이 있어 남편에게 조언을 구하려고 하는데 TV를 보면서 대충 듣는 척하더니 "그런 건 당신이 알아서 해"라고 대답한다면 어떨까요? 아마도 더 이상 말을 이어 가고 싶지 않을 거예요. 무시당했다는 불쾌감, 답답함과 짜증, 실망감과 존중받지 못했다는 분노로 잠을 이루지 못할지도 모릅니다. 왜냐하면 말이라는 건 아무에게나 막 하는 게 아니거든요. 말은 상대에게 원하고 기대한 바를 가지고 시작하는 거예요.

아이도 성인과 같은 마음으로 말합니다. 어쩌면 아이는 성인보다 더 큰 기대를 가지고 엄마와 대화를 하는지도 몰라요. 아이는 성인만큼 논리적으로 자신의 상황과 감정이 어떤지를 세밀하게 표현하지 못하기 때문에 더 큰 기대를 가지고 있거든요. '세밀하게 표현하지 못하는데 기대는 큰 아이'와 의사소통을 한다는 것은 결코 쉬운 일이 아닙니다.

5세 다은이와 엄마의 대화를 한번 살펴볼게요. 유치원 하원 버스에서 내린 다은이가 별로 기분이 좋아 보이지 않습니다.

다은: 다리 아파. 업어 줘!

엄마: 혼자 걸을 수 있으면서 왜 업어 달래. 그냥 걸어. 엄마도 지금 힘들어.

다은: (투덜거리며 걷다가 넘어지며) 앙앙! 다 엄마 때문이야. 앙!

엄마: 아니, 자기가 넘어지고 왜 나 때문이래.

이런 일들은 정말이지 다반사로 일어납니다. 아이는 불리한 상황, 억울한 상황, 짜증이 나는 상황이 닥치면 "다 엄마 때문이야"라고 이야기하지요. 엄마들은 정말 이해되지 않는 상황이에요. '자기가 잘못하고도 다 남 탓으로 돌리는 거 아닌가?' 걱정도 됩니다. 버릇을 고쳐 줘야 하나, 그냥 그럴 때도 있나 보다 하고 넘어가야 하나 혼란스럽기까지 합니다.

엄마도 아이와 잘 소통하고 싶잖아요. 그런데 왜 이런 일들이 생기는 걸까요? 그건 바로 대화의 마음 높이가 달라서 이어지지 않기 때문입니다. 엄마는 현재 아이가 겉으로 보이는 행동과 말을 기준으로 대화하고 있거든요. 하지만 아이는 자신이 겪은 이전 상황이나 내면의 마음을 기준으로 대화하기를 기대하고 있습니다. 시점과 기준, 높이가 다르니 당연히 어긋나고 끊어질 수밖에 없지요.

* **아이의 현재 행동과 말을 기준으로 대화한 엄마의 입장**

  '왜 오자마자 짜증이야. 혼자 걸을 수 있으면서 꼭 업어 달래.'
  '자기가 제대로 안 걸어서 넘어지고는 괜히 내 탓이래.'

* **이전 상황과 내면을 기준으로 대화하고 싶은 아이의 입장**

  '내가 유치원 버스에서 내릴 때 기분이 안 좋은 거 몰랐어요?'
  '유치원에서 서윤이가 나랑 안 놀고 민재랑 놀아서 속상했단 말이에요.'
  '그래서 위로해 달라고 업어 달라고 한 건데 엄마가 안 업어 줬잖아요.'
  '안 업어 주니까 넘어졌지요. 그러니까 엄마 잘못이에요.'

아이의 마음 높이에서 표정과 감정을 읽어 주세요

아이와 잘 소통하고 싶다면 아이가 기대하는 기준, 바로 아이의 마음 높이에 맞춰 말해야 합니다. 마음 높이를 맞추기 위해서는 아이의 말과 행동이 아닌 표정을 세밀히 관찰하는 게 중요하지요. 특히 아이가 부정적인 감정 상태일 때 주의를 기울여야 해요. 짜증이 난 상태에서 아동의 말과 행동은 대체로 미운 말과 행동으로 엄마의 화를 돋우거든요.

이때 겉으로 보이는 모습만 보고 대화를 시도하면 백발백중 실패할 확률이 높습니다. 아이의 표정을 통해 별로 좋지 않을 때는 행동과 말을 잠시 보지 마세요. 아이의 표정이 엄마에게 하고 싶은 말이 무엇인지 세밀하게 관찰하는 것이 좋습니다. 그리고 "뭔가 지금 속상한 일이 있나 보구나"라고 말해 보세요. 엄마가 자신의 속상한 마음을 들을 준비가 되어 있음을 표현해 주는 것만으로도 대화는 충분히 성공할 거예요.

엄마의 마음과 아이의 마음이 통하고 서로 이어져야 비로소 아이의 마음이 형성되기 시작합니다. 전달되지 않은 말, 이어지지 않은 마음으로 아이의 마음을 짓기란 불가능해요. 엄마의 마음이 아이의 마음에 가 닿지 않는 느낌이 든다면 하고 싶은 말을 잠시 멈추고 아이의 눈을 바라보세요. 그리고 이렇게 말해 보세요.

"아들! 지금 엄마 마음 보여? 엄마는 우리 아들 마음이 보이지 않아. 그래서 속상해. 엄마는 아들 마음이 어떤지 듣고 싶어."

아이와 마음이 이어지고 나면 비로소 아이의 마음을 온전히 지을 수 있을 거예요.

아이와 말이 통해야 마음이 통합니다

- 아이 인생의 최고의 기준은 바로 엄마입니다. 엄마의 말과 행동은 아이의 생각을 결정짓는 틀, 마음의 모양이 됩니다.

- 엄마가 아기의 의도와 욕구를 정확히 빠르게 알아차리고 긍정적으로 반응해 주는 것은 아기의 자아 개념, 자존감 형성에 큰 도움이 됩니다.

- 3세 이후 아이의 언어 발달은 폭발적으로 이루어집니다. 엄마와 의사소통이 원활한 아이의 경우 다양한 언어와 의사소통의 유형을 경험하게 되지요. 이는 언어와 인지 발달에 큰 도움이 됩니다.

- 즐거움과 기쁨, 만족감과 설렘, 뿌듯함, 편안함, 행복 등 긍정적인 감정으로 하루를 보낸 아이는 세로토닌이 많이 분비되지요. 적극적인 생활 태도는 신체 발달에도 도움이 됩니다.

- 마음의 깊이는 듣고 배워서 나오는 것이 아니라 직접 보고 몸으로 실천하면서 나오기 때문에 엄마가 먼저 배려하고 나누고 협동하면서 타인과 관계 맺기의 바른 행동을 보이고 좋은 결과를 보여 주세요.

- 아이의 표정이 별로 좋지 않을 때는 엄마에게 하고 싶은 말이 무엇인지 세밀하게 관찰하는 것이 좋습니다. 그리고 “뭔가 지금 속상한 일이 있나 보구나”라고 말해 보세요. 엄마가 들을 준비가 되어 있음을 표현해 주는 것만으로도 대화는 충분히 성공할 거예요.

2

자존감이 높은 아이로
키우는 엄마의 말

아이 마음 짓기 01

아이를 다그치지 말고 마음속 이야기를 들어 주세요

울지 말고 똑바로 말하라고 하면 아이는 왜 상처받을까요?

주변을 살짝만 둘러보면 이런 엄마들을 종종 볼 수 있습니다. 삐죽삐죽 우는 아이를 앉히고 "울지 말고 똑바로 말해. 말하지 않으면 내가 어떻게 알아!"라고 하지요. 말은 안 하고 삐죽거리는 아이를 보고 있자면 엄마는 답답하기만 합니다. 전 이 말을 들을 때마다 '아이가 괜찮을까? 저 분위기에서 말이 나올까?' 염려가 돼요. 토닥토닥해 주고 싶은 마음이 굴뚝같습니다.

혼낸 것도 아니고 비난한 것도 아닌데 뭐가 문제냐고 반문하는 분들도 있을 거예요. 정말 궁금해서 묻는 거라는 분도 있겠지요.

엄마가 나쁜 의도로 한 말이 아니거든요. 하지만 때론 내 의도와 달리 듣는 아이 입장에서는 억울할 수 있어요. 말하라고 다그치는 분위기에 상처를 받을 수도 있습니다. 바로 이런 상황처럼 말이에요.

꼭 기억했으면 하는 바람으로 좀 과장해서 설명해 볼게요. 이 말은 2가지 면에서 부정적인 영향을 미칠 수 있어요. 첫째, 아이는 엄마에게 실망과 거리감을 느끼고 결국 관계가 나빠질 수 있어요. 둘째, 우울과 자괴감, 불안 등 부정적 감정이 생겨 마음에 상처가 날 수 있어요.

'똑바로 말해라'는 말이 왜 잘못일까요? 그 이유는 애착 형성의 과정에서 찾을 수 있습니다. 애착 형성의 결정적 시기는 0~2세예요. 엄마는 아기의 울음소리를 듣고 아기가 쉬를 했는지, 배가 고픈지, 불편한 곳은 없는지 유심히 살펴보지요. 이건 엄마와 아기 둘만의 신호입니다. 엄마는 우는 아기를 정서적으로 안심시키죠. 그리고 아기의 요구가 무엇인지 민감하게 알아차리고 가장 적절한 지원을 해요. 반복된 둘만의 신호와 반응을 통해 아기는 엄마의 사랑을 느끼고 엄마에 대한 애착을 형성합니다.

만약 아이가 똑바로 말해야지만 엄마가 마음을 알아준다면 그건 아이가 바라는 좋은 엄마가 아니에요. 보통의 어른도 아이가 또박또박 말로 설명하면 크든 작든 어떻게든 도움을 주려고 할 테니까요.

아이가 기대하는 엄마는 보통의 어른이 아닌 특별한 내 편입니다. 눈빛과 표정, 몸짓과 행동만 봐도 자신의 마음을 알 거라 기대하지요. 심지어 울음의 종류와 짜증, 던지기, 소리 지르기, 때리기 등 부정적인 모습조차 자신이 보낸 신호라고 생각해요. 그러면서 "내가 말했잖아요!"라고 합니다. 말하지 않았지만 부정적인 행동으로 메시지를 보냈으니 알아차려 달라는 겁니다. 결국 아이와 소통이 잘되는 엄마란 말하지 않아도 아이의 상황과 마음을 속속들이 알아차릴 수 있는 정서적으로 민감한 엄마입니다.

그런데 자신의 마음을 공감해 주기는커녕 다그친다면 아이는 엄마에게 어떤 감정을 느낄까요? 처음에는 답답함을 느끼고 실망하지요. '엄마가 뭐 저래?'라는 생각이 들면서 부정적 감정이 생기고 점차 엄마와 거리감을 느끼게 됩니다.

아이는 불안해질수록 더 어린 시절로 돌아가요

아이는 왜 엄마를 보면 눈물부터 주르륵 흘리는 걸까요? 누구나 한 번쯤 이런 경험을 해본 적 있을 거예요. 남편과 슬픈 영화를 보면서 겨우겨우 눈물을 참고 있는데 옆에 있던 남편이 "당신 울어?" 하며 내 얼굴을 쳐다보는 거죠. 그 순간 참았던 눈물이 갑자기 왈칵 쏟아지지 않던가요? 어릴 적 밖에서 친구와 속상한 일이 있어 집으로 돌아왔는데, 엄마가 내 얼굴을 보고 "너 무슨 일 있니?" 하고 물어봅니다. 그때 눈물이 왈칵 쏟아진 경험은 모두 있지 않은가요?

복받친 감정을 누군가 알아봐 줄 때 사람은 반사적으로 눈물부터 나옵니다. 감정이 올라와 있는 상태에선 대부분 말이 잘 나오지 않아요. 아직 언어 발달 과정에 있는 아이는 더욱 심할 테지요. 평소에도 유창하게 논리적으로 순서와 상황 등을 정확히 말로 표현하기 어려운데 감정이 격한 상태이니 말이 잘 나오기란 쉽지 않습니다.

꼭 기억하세요. 정서적으로 불안할 때 아이는 심리적으로 더 어린 시절로 돌아갑니다. 어릴 적 울음으로 의사를 표현했더니 엄마가 자신에게 적절한 도움과 지원을 해줬거든요. 그때를 기억하는 무의식이 엄마를 보자마자 눈에서 눈물이 흐르도록 작동하는 겁니다.

눈물은 계속 흐르는데 엄마는 다그치고 무슨 말부터 해야 할지 모를 때 아이는 어떤 생각을 할까요? 자신이 보잘것없는 못난 아이라 생각할 거예요. 엄마를 실망시키는 나쁜 아이라고 생각하며 자존감에 상처를 받을지도 모릅니다. 세상엔 자신을 도와줄 사람이 없다는 생각에 우울해지겠지요. 어떤 아이는 크게 화를 낼지도 몰라요. 자신과 엄마에 대한 좌절감이나 자괴감 등은 더 큰 불안으로 느껴지거든요.

정말 아이의 말과 마음을 듣고 싶다면 우는 아이의 손을 잡아 주세요. 낮은 목소리로 천천히 "엄마는 네 얘기를 들을 준비가 됐어. 조금 진정되면 얘기해 줄래? 엄마가 기다릴게"라고 말해 보세요. 아이는 진지하게 자신의 얘기를 들으려는 엄마의 따뜻한 눈빛과 태도에 흥분이 가라앉을 거예요. 그리고 조금 진정되면 자신의 마음을 또박또박 이야기할 수 있는 용기도 생길 겁니다.

아이 마음 짓기 02

섬세한 아이의 마음을 배려해서 말해 주세요

눈치 보는 아이에게 지적하면 안 되나요?

아이만큼은 당당하게 자신의 꿈을 맘껏 펼치며 세상을 즐기면서 살았으면 하고 바라는 것이 엄마의 마음입니다. 이런 내 아이가 아래와 같이 눈치를 보는 말들을 쏟아 낼 때 엄마는 괜스레 죄책감이 들지요. '내가 너무 눈치를 줬나', '요즘 소리를 좀 질렀더니 아이가 눈치를 보나', '남편하고 갈등이 있어 표정이 좀 안 좋았더니 그걸 아이가 눈치챘나' 등 여러 가지 고민에 빠지지요.

"엄마, 괜찮아?"

"엄마, 나 잘했어?"

"엄마, 나 사랑해?"

"엄마, 나 싫어?"

"엄마, 나 미워?"

"엄마, 화났어?"

물론 눈치가 없는 것보다는 눈치가 있는 것이 낫습니다. 눈치 없이 아무 때나 끼어들고 하고 싶은 말과 행동을 거르지 않는 아이는 다른 사람을 불편하게 할 가능성이 높지요. 남의 입장을 고려하지 않으면 타인과 지속적으로 좋은 관계를 맺기 어려워요. 반대로 눈치를 살피는 아이는 조심성이 있고 상황이나 타인의 입장을 고려하여 스스로 말과 행동을 조절하고자 노력할 가능성이 높아요. 이런 아이는 다른 사람들에게 해를 입히지 않기 때문에 타인으로부터 부정적인 피드백을 받을 일이 적은 편이지요. 관계적인 측면에서 눈치가 있는 것은 분명 다행스런 일입니다.

그렇다고 너무 눈치 보는 아이로 자라는 것이 엄마 입장에선 그리 마음이 편할 수 없어요. 아이가 남의 눈치를 많이 보면 자기 확신이 없는 것으로 비춰질 수 있지요. 자존감이 낮아서 그런가 걱정도 되고 상처를 많이 받는 건 아닐까 염려스러운 것도 사실이에요. 소심한 성격으로 늘 손해 보는 느낌이 드는 건 엄마의 마음을 더욱 안타깝게 하지요.

간혹 눈치를 많이 보는 아이들 중에는 '나는 다른 사람들에게 맞춰야 한다. 맞추지 못하는 것은 내 잘못이다' 혹은 '어차피 내 의견보다 다른 사람 의견이 더 옳다'라는 자책과 잘못된 신념을 갖고 있는 경우도 있어요. 이 경우 **착한 아이 증후군**(자신의 부정적 감정이나 욕구, 소망을 억압한 채 타인에게 착한 사람으로 보이기 위해 노력하는 것)으로 발전할 가능성도 배제할 수 없지요. 의사결정을 해야 하는 상황에서 눈치를 보며 선택 장애를 보이면 주변 사람들을 답답하게 하거나 일의 진행이 늦어지는 불편함을 겪을 수도 있습니다.

적당히 남에게 맞추려는 노력은 사회인으로서 갖춰야 할 매우 긍정적인 사회적 태도이자 기술이지만 지나치게 남을 의식하고 맞추려는 자세는 언젠가는 폭발하게 돼 있습니다. 자신의 욕구와 소망을 지속적으로 억압하고 있는 것이니까요. 엄마는 '적당히'와 '지나치게'를 잘 인식해서 도움을 줘야 합니다.

눈치를 보는 건 사회성이 발달한다는 증거예요

아이는 왜 눈치를 볼까요? 우선 아이가 언제 어떤 이유로 눈치를 보는지 한번 정리해 볼게요.

첫째, 부모가 자주 욱하고 감정 기복이 커서 예측이 어렵고 일관성 없는 양육 태도를 보이는 경우를 들 수 있어요. 부모가 언제 화를 낼지 모르기 때문에 아이는 눈치를 볼 수밖에 없지요.

둘째, 평소 엄마의 표정이 중요합니다. 엄마가 화를 낼 때 아이가 눈치를 보는 건 당연해요. 하지만 엄마가 무표정할 때도 아이는 눈치를 봅니다. 엄마의 표정이 무엇을 의미하는지 파악하기가 어렵기 때문에 상황을 파악하고자 눈치를 보는 거예요.

셋째, 엄마가 자주 아프거나 힘이 없고 행복해 보이지 않을 경우 눈치를 볼 수 있어요. 아이들은 늘 버림받음에 대한 공포와 두려움을 가지고 있거든요. 혹시 엄마가 떠나고 자신이 혼자가 되면 어쩌나 하는 불안으로 "엄마 괜찮아?" 하며 눈치 보는 말을 하는 거랍니다.

넷째, 사랑과 관심이 필요하거나 인정받고 싶은 욕구가 충족되지 못했을 때 아이는 "엄마, 나 사랑해?", "엄마, 나 잘했어?" 하며 확인을 받으려고 합니다. 이것은 남녀가 연애를 할 때도 많이 보이는 모습이에요. 상대가 일이 바쁘다는 핑계로 잘 만나 주지 않고 전화하지 않으면 혹시 마음이 변해서 그런 게 아닌가 의심이 들잖아요. 이때 확인을 받고자 "자기, 나 사랑하는 거 맞아?" 라고 물어보는 것과 같습니다.

눈치는 적당히, 자기표현은 잘 하도록 도와주세요

적당히 눈치를 보면서 자기표현이 확실한 아이로 성장하도록 돕기 위해 엄마는 어떻게 하면 좋을까요? 원인과 연결 지어 생각해 보면 방법도 찾을 수 있어요.

우선 쉽게 주눅 들고 눈치 보는 아이의 성격적인 부분을 비난하는 것은 절대 금물입니다. "너 왜 눈치를 보고 그래?", "네 생각을 똑바로 말하면 되지, 왜 말도 못 해!"라며 답답해하거나 "다른 애들은 안 그런데 넌 도대체 왜 그래"라고 비교하는 것은 더욱 아이를 초라하게 만들고 위축시킬 뿐 전혀 도움이 되지 않아요. 눈치 보는 것은 조심성과 다른 사람의 감정을 살필 줄 아는 배려가 함께 포함된 겁니다. 이런 장점은 인정해 주되 엄마로서 걱정되는 부분을 아이가 알아들을 수 있도록 쉽게 이야기해 주는 것이 필요합니다.

둘째, 아이를 향해 많이 웃어 주고 엄마가 적극적이며 긍정적인 생활 태도를 보여 줌으로써 믿음을 줄 필요가 있어요. **머레이비언의 법칙**이라고 들어 보셨나요? 미국의 심리학자 앨버트 머레이비언이 소개한, 사람들 사이의 대화에서 작용하는 커뮤니케이션 이론입니다. 그는 사람 간 대화에서 말의 내용이 차지하는 비중은 7퍼센트 정도로, 나머지 93퍼센트는 태도나 목소리, 표정 등이 차지한다고 했지요. 엄마가 아무리 "응, 엄마 행복해", "엄마는 널 사랑해"라고 말해도 표정이 무표정하거나 행복해 보이지 않는다면 아이는 엄마의 말을 신뢰하지 못한다는 의미예요.

이는 많은 부모 교육 전문가들이 "엄마가 행복해야 아이가 행복하다"라고 말하는 것과 일맥상통합니다. 엄마가 항상 밝고 활기차게 생활하면 아이는 물어보고 눈치 볼 필요 없이 당연하게 '엄마는 행복해 보여. 삶은 행복한 거구나'라고 느낍니다.

셋째, 사랑은 아이가 확인받고 싶어 하기 전에 충분히 주고 표현해야 해요. 아침저녁으로 다양한 스킨십과 사랑스런 눈 맞춤, 온화하고 따뜻한 태도, 부드러운 어투로 달콤한 사랑 고백을 수시로 해줘야 하지요. 엄마가 자녀를 사랑하는 것은 당연한 사실이지만 이것을 아이가 믿고 진실로 느끼느냐는 다른 문제거든요. 아이가 이 당연한 것을 느끼지 못하고 의심이 들거나 불안할 경우 마음에 큰 상처를 받는다는 점을 꼭 기억해야 해요.

아이에게 엄마의 사랑은 밥과 같아요. 사람이 매일 세 끼의 밥을 먹어야 살 수 있듯이 아이도 당연한 사랑을 온몸으로 흡수하지 않으면 살 수가 없습니다. 엄마도 연애할 때 느꼈던 것처럼 "자기, 나 사랑해?", "나 사랑하는 거 맞아?"라고 물을 때는 이미 뭔가 서운한 것이 있거나 사랑받는 느낌이 충분치 못하다는 의미잖아요.

뭔가 잘했을 때 칭찬하는 것 말고 아이의 존재 자체를 감사해하는 것, 아이의 있는 그대로의 모습을 인정해 주는 것, 특별한 일이 있을 때가 아니라 매 순간 함께할 수 있음을 진심으로 행복해 하는 것, 이것이 바로 아이 마음 짓기의 근본입니다. 매일 수시로 보내는 엄마의 사랑 고백이 우리 아이를 당당히 서게 해줄 거예요.

육아 꿀팁

아이가 눈치를 본다면 사랑 표현을 더욱 다양한 방법으로 해주세요.

"너는 네가 얼마나 귀하고 소중한 사람인 줄 알고 있니?"
"너를 엄마 곁에 보내 주신 하느님께 엄마는 너무 감사해."
"지금 이 순간 너를 만질 수 있어서, 너의 향기를 맡을 수 있어서, 너와 추억을 쌓을 수 있어서 엄마는 너무 행복해."

엄마의 감정을 살피는 아이에게 이렇게 말해 보면 어떨까요?

"다른 사람의 눈을 보고, 마음을 살핀다는 건 아무나 할 수 있는 일이 아니야. 게다가 다른 사람이 원하는 것을 들어주려고 노력한다는 건 더욱 힘든 일이지. 그런데 엄마는 걱정이 있어. 우리 딸이 만약 다른 사람의 말만 들어주다가 정말 자신이 원하는 게 무엇인지 알지 못하거나 모든 사람에게 다 맞춰야 좋은 거라고 생각한다면 그건 큰일이거든. 왜냐하면 다른 사람들이 원하는 걸 다 들어줄 수는 없고, 그러다 보면 분명 지치고 힘들어질 텐데 엄마는 그렇게 되길 바라지 않아."

아이 마음 짓기 03

아이만의 독특한 표현 방식을 기억하세요

아이는 왜 비교해서 묻고 말하기를 좋아하는 걸까요?

4세와 6세 자매를 키우는 한 엄마가 큰딸 지민이와 상담실을 찾았습니다. 지민이는 엄마랑 둘만 놀이실에 온 것이 신난 듯 여러 가지 놀잇감을 꺼내 놀며 즐거워했지요. 미술 놀이를 하는데 엄마가 먼저 아이에게 묻습니다.

엄마: 엄마랑 둘만 오니까 좋아?

지민: 응. 엄마는?

엄마: 엄마도 너무 좋지.

지민: 근데 엄마는 지유(동생)가 더 좋아, 내가 더 좋아?

엄마: (고민도 없이 바로) 당연히 엄마는 지민이가 제일 좋지. 엄마가 우리 지민이 제일 좋아하는 거 몰랐어?

지민: (엄마를 한 번 쳐다본다.)

엄마: 지유 있으니까 싫어? 지유는 할머니네 데려다줄까? 할머니가 키우라고.

지민: 아니, 그건 안 되지.

자녀가 둘 이상인 엄마라면 한 번쯤은 들어본 질문일 겁니다. "동생이 좋아? 내가 좋아?" 아이의 당황스런 질문에 뭐라고 대답을 하셨나요? 지민이 엄마처럼 큰아이의 기분을 좋게 해주고자 "당연히 엄마는 우리 큰딸이 제일 좋지"라고 하셨나요? 아니면 둘째 아이가 물을 땐 둘째 아이가 제일 좋다고 하고 큰아이가 물을 땐 큰아이가 제일 좋다고 하셨나요? 그것도 아니면 "똑같이 둘 다 좋지"라고 대답하셨나요?

아이는 왜 이런 질문을 할까요? 그리고 어떤 대답을 듣고 싶은 걸까요?

이 질문을 이해하기 위해서는 아이만의 독특한 표현법과 마음을 좀 들여다볼 필요가 있습니다. 우선 아이는 '좋아한다/사랑한다'를 정확히 표현하고자 할 때 비교의 언어로 말하는 경향이 있습니다. 예를 들면 '엄마를 사랑한다'는 것을 확실히 표현하기 위해 "나 아빠 싫어. 엄마만 좋아"라고 말합니다. 이것은 정말 아빠가 싫다는 의미라기보다 엄마를 아주 많이 좋아한다는 것을 표현하기 위한 강조입니다. 이런 아이만의 독특한 표현법은 간혹 어른을 당황하게 만들기도 합니다.

4세의 채이는 어린이집을 좋아하고 잘 적응하는 편입니다. 어느 날 하원 시간에 맞춰 엄마가 채이를 데리러 갔습니다. 엄마는 채이가 먹을 간식으로 떡과 음료수를 챙겨 갔어요. 엄마를 본 채이는 신나서 달려가 엄마에게 안기더니 곧 떡을 발견합니다.

채이: 나, 떡!

엄마: 떡 먹을 거야? 선생님한테 인사하고 나가서 먹자.

채이: 싫어. 지금. (엄마가 떡을 한 조각 꺼내 채이 손에 쥐어 준다.)

선생님: (채이의 가방을 들고 나오며) 엄마가 떡을 사 오셨구나? 채이는 좋겠다.

채이: 나 선생님 싫어. 엄마만 좋아.

엄마: 너 왜 그래? 맨날 선생님 흉내 내고 좋아하면서.

평소 선생님을 좋아하고 잘 따르던 아이가 "나 선생님 싫어. 엄마만 좋아"라고 말할 때 어른들은 도대체 이해가 안 됩니다. 앞에 있는 선생님에게 죄송하기도 하고 민망하기도 하지요. 가끔은 내가 모르는 사이 아이가 선생님한테 혼이 나서 저렇게 얘기하는 건가 걱정이 될 때도 있어요. 만약 아이가 평소 선생님을 보고 잘 웃고 좋아한다면 걱정하지 않아도 됩니다. 그건 선생님과의 관계적인 문제라기보다 아이가 상대적 비교를 통해 엄마를 좋아한다는 것을 강조하고 싶은 표현이니까요.

사랑을 확인하고 싶은 아이, 사랑을 표현해 주세요

다시 형제 관계로 돌아가 볼게요. "엄마는 동생이 더 좋아, 내가 더 좋아?"라는 질문은 엄마의 사랑이 의심될 때 분명히 확인을 받고자 하는 말이에요. 예를 들어 동생이 아파서 엄마가 며칠째 동생만 안아 주고 돌보고 있습니다. 동생하고 싸웠는데 엄마는 맨날 자신만 혼을 내지요. 동생은 좋아하는 장난감으로 실컷 놀도록 허락하면서 자기한테는 싫은 공부를 하라고 할 때 아이는 엄마가 정말 자기를 사랑하는지 의심이 들어요. 엄마가 자신에게 소홀한 듯 보이거나 관심이 없는 듯 느껴질 때 아이는 확신을 얻기 위한 방법으로 이런 질문을 합니다.

그렇다면 이런 아이의 질문에 엄마는 어떻게 대답해 줘야 할까요? 아이의 마음을 들여다보면 그 답을 찾을 수 있습니다.

모든 아이는 기본적으로 버림받을지도 모른다는 불안을 가지고 있어요. 심리적으로 불안을 느끼는 아이에게 "엄마는 큰딸이 더 좋아"라고 대답한다면 어떻게 될까요? 버림받음에 대한 심리적 불안이 '진짜 동생이 버려지면 어떻게 하지?', '다음엔 나도 버림받는 거 아닐까?'라는 걱정으로 이어져 불안감은 더욱 커집니다.

아이가 듣고 싶었던 대답은 "큰딸이 더 좋다" 혹은 "동생이 더 좋다"라는 택일의 대답이 아니에요. 아이는 선택받아서 좋은 것보다 선택받지 못한 쪽에 대한 아쉬움과 미안함이 더 크거든요. 게다가 다음에는 자신이 선택받지 못할지도 모른다는 불안감이 더 크게 작용할 수 있어요. 상대적 비교를 통해 강조하는 아이의 독특한 표현법에 속지 마세요. 둘 중 하나를 고르라는 질문이 아니랍니다.

만약 아이가 또다시 "내가 더 좋아, 동생이 더 좋아?"라고 묻는다면 이렇게 이야기해 보세요. "요즘 우리 딸이 엄마한테 서운한 게 많은가 보구나. 엄마가 널 사랑하지 않는 것 같아 걱정돼? 엄마는 우리 딸 너무너무 사랑하니까 걱정하지 않아도 돼. 앞으로 엄마가 더 많이 안아 주고 뽀뽀해 주고 사랑한다고 말해 줄게"라고요. 아이는 엄마의 사랑을 확인받고 싶었을 뿐이니 진심 어린 사랑을 표현해 주는 것만으로도 충분하거든요.

아이 마음 짓기 04

자신감 없는 아이에게 격려의 말을 해 주세요

못한다고 말하는 아이의 심리는 무엇일까요?

초등학교 1학년인 주희는 기질적으로 느리고 수줍음이 많은 여아입니다. 어느 날 학교에서 돌아와 조용히 창밖을 보다가 갑자기 "엄마, 나는 미술을 못하는 것 같아"라고 말합니다. 평소 주희가 소심하고 자신감이 없어 보이는 것이 항상 걱정이었던 엄마는 응원의 말을 건넸지요.

"아니야, 너 미술 잘해. 예전에 주희가 할머니한테 만들어 준 카드 보고 할머니도 잘 만들었다고 칭찬했잖아."

엄마의 위로가 별로 도움이 되지 않았는지 주희는 더 큰 소리로 말합니다.

"아니야, 우리 반 지혜가 더 잘해."

아직은 무엇을 잘한다거나 못한다, 재능이 있다거나 없다는 평가를 하기도 어려운 어린 아이가 "난 미술을 못하는 것 같다", "축구에 자신이 없다", "친구는 잘하는데 나는 못한다" 등의 말을 할 때면 엄마의 마음은 속상하기 그지없습니다.

이 경우 많은 엄마들이 주희 엄마처럼 "아니야, 너도 잘해. 지난번에도 잘했잖아"라며 아이의 생각이 틀렸다고 말하지요. 어떤 엄마들은 답답하고 안타까운 마음에 "아니, 왜 해 보지도 않고 못한대. 해봤어?"라며 윽박지르기도 해요. 안 그래도 자신감 없는 아이에게 비난은 좋지 못할 것 같다는 판단이 선 엄마들은 "열심히 하면 잘할 수 있어. 끝까지 해봐"라며 격려와 함께 재도전을 부추기기도 합니다.

여기서 꼭 기억해야 할 것이 있어요. 아이와 마음이 이어지는 소통을 하기 위해서는 '아이의 마음을 제대로 알아야 한다'는 거예요. 마음을 제대로 안다는 것은 '아이의 진짜 마음을 아는 것'이지요. 하지만 안타깝게도 위 엄마들의 반응은 모두 아이의 진짜 마음을 알고자 하는 대화가 아니에요. 단지 상황을 빨리 해결하려고 하거나 아이의 자신감 없는 마음을 바꾸려는 데 초점을 둔 대화일 뿐입니다.

아이가 "난 못해"라며 자신감 없는 모습을 보인다면 엄마는 그

안에 숨어 있는 의미를 찾아보려고 해야 해요. 아이의 진짜 마음을 알려면 이 마음이 어디서부터 나왔는지 찾는 노력을 해야 합니다. 다시 한번 강조하지만 아이가 밖으로 내뱉은 말보다 그 안에 숨은 내면의 말을 찾아야 한다는 거예요. 아이가 바라는 기대, 마음의 높이를 맞춰야 비로소 대화할 준비가 된 것이지요. 이런 준비 상태가 성공적인 대화를 이끌 가능성이 높습니다.

"난 못해"라고 말하는 아이의 심리적 원인, 즉 숨어 있는 의미를 몇 가지로 추측해 볼게요.

첫째, 아이가 스스로 비교 대상을 머릿속에 설정해 둔 경우입니다. 아이는 또래와의 놀이나 학교생활 중 스스로 마음에 들지 않거나 비교 대상인 친구가 칭찬을 받을 경우 상대적으로 자신이 못한다는 생각을 할 수 있어요. 이는 경쟁 상대보다 더 잘하고 싶은 마음, 자신도 인정받고 칭찬받고 싶은 욕구에서 비롯된 것이라 할 수 있지요.

둘째, 아이가 어린 경우 엄마나 형제자매 등 누군가 자신이 해야 할 일을 대신 해줬으면 하는 마음이 들 때 "난 못해"라고 말할 수 있습니다. 이는 엄마나 형제자매에게 의존하고 싶은 마음, 자신과 동일시되는 매우 친밀한 대상이 한 것은 자신이 한 것으로 착각하는 심리지요.

셋째, 실패가 두려운 아이, 즉 성공하는 것만 보여 주고 싶은 아이의 경우 해 보지 않은 일이나 좋은 결과가 나올 것이라는 확신이 들지 않는 일에 대해서는 못한다는 말로 쉽게 포기할 수 있습니다.

만약 아이가 못한다고 한 진짜 이유를 추측하기 어려울 때는 아이에게 직접 물어봐도 좋습니다. 이때 "왜? 뭐 때문에 그러는데?"라며 다그치거나 "너, 하기 싫어서 핑계 대는 거지?"라며 어설픈 추측으로 비아냥거려서는 절대 안 돼요. 그럼 아이는 진짜 마음을 보여 주기는커녕 더 입을 닫고 자신감은 더욱 떨어질 테니까요. 아이의 진짜 마음을 예측할 수 없을 때는 조심스럽게 너의 마음을 알고 싶다는 엄마의 마음을 전달해 주세요.

인정받고 싶은 마음이 크면 부담감을 줄여 주세요

어떤 의미로 말하느냐에 따라 대화의 내용도 달라져야 합니다. 예를 들어 아이는 비교 대상을 마음에 두고 말하고 있는데 엄마가 무조건 "아니야, 넌 잘해"라고 말하는 것은 아이에게 큰 위로가 되지 않아요. 오히려 이런 부정적인 생각을 한 게 잘못이라는 듯 비난하는 것처럼 느껴질지도 모르거든요. 구체적으로 어떤 상황에서 그런 생각이 들었는지 아이 스스로 말할 수 있는 기회를 주고 엄마는 아이의 고민을 진지하게 들어 줘야 합니다. 주희의 경우를 살펴볼게요.

주희: 엄마, 나는 미술을 못하는 것 같아.

엄마: (바로 대답하기보다 잠시 생각한 후 진지한 태도로) 네가 원하는 대로 잘 안 된 미술 활동이 있었나 보구나? 언제 그런 생각이 들었어?

주희: 선생님이 우리가 그린 걸 교실 뒤 환경판에 붙여 주셨는데, 지혜는 가운데 붙여 주고 난 맨 끝 위에다 붙여 줬어.

엄마: 우리 딸도 미술 작품이 가운데 붙여지길 바랐구나?

주희: 응. 친구들이 다 지혜 그림 보고 잘 그렸대.

엄마: 그러게. 제일 가운데면 지혜 작품이 잘 보이긴 했겠다. 그럼 우리 주희 작품 보고 잘 그렸다고 칭찬하는 친구는 없었어?

주희: 응.

엄마: 이럴 수가! 아쉽네. 근데 주희는 이번 그림을 잘 그렸다고 생각해, 아니면 평소보다 조금 못했다고 생각해?

주희: 평소보다 못했어. 시간이 없어서 다 못 그리고 냈거든.

엄마: 그랬구나. 왜 시간이 부족했을까?

주희: 뭘 그려야 할지 잘 생각이 안 나서.

엄마: 아, 그랬어? 입학하고 처음 하는 미술 시간이라 긴장했나 보네. 다음에는 미술 시간이 있을 때 알림장으로 오는 학습 내용을 미리 확인하고 무엇을 그릴지 집에서 생각해 보고 가면 어때? 그럼 빨리 시작할 수 있고 시간이 부족해서 다 못 그리는 일은 없지 않을까? 그리고 아직은 1학년이라 시험이 없지만 앞으

로 2학년, 3학년이 되면 학교에서 시험도 보고 할 텐데. 시험을 1년 동안 몇 번 보는 줄 알아?

주희: 몰라.

엄마: 한 학기에 중간고사, 기말고사, 월별로 수행평가까지 해서 아마 1년에 10번도 넘게 있을걸?

주희: 그렇게 많아?

엄마: 그래. 그래서 한 번 시험을 못 봤다고 해서 공부를 못한다고 할 수 없는 거야. 나머지 9번을 더 잘 볼 수도 있거든. 그러니까 이번에 네가 그림에서 실력 발휘를 못했다고 친구들도, 선생님도 주희가 미술을 못한다고 생각하지 않아. 그리고 그림만 미술인 건 아니잖아? 만들기를 할 때는 주희의 실력이 제대로 발휘될 수도 있고.

엄마가 아이의 일거수일투족을 모두 함께할 수는 없습니다. 특히 아이가 학교에 입학하면서부터는 본격적으로 엄마와 분리된 사회생활이 시작되지요. 이젠 엄마가 알 수 없는 아이만의 생활이 많아졌기 때문에 그 시간 동안 어떤 생각과 느낌을 경험했는지 추측하기 어려워요. 따라서 엄마는 아이가 어떤 고민이 있거나 자신만의 감정에 빠져 있을 때, 엄마의 생각대로 단정 지어서는 안 됩니다. 그 감정의 시작이 어디인지, 그 감정이 상황에 맞는지 진지하게 들어 주고 함께 고민해 주는 자세가 필요하지요.

숙제를 귀찮아 할 때는 최소한으로 도와주세요

아이가 엄마나 누나와 같은 친밀한 대상이 자신의 과제를 대신 해줬으면 하는 마음으로 "난 못해"라고 하는 경우입니다. 귀찮은 것을 하고 싶지 않거나 과제가 어려운 경우 많이 나타나지요. 엄마가 보기에는 금방 끝낼 수 있을 것 같은 과제여도 과제를 하는 과정이 복잡해 보이거나 처음 해 보는 것일 경우 아이는 쉽게 포기할 수 있어요.

예를 들어 초등학교 저학년의 과제로 많이 내주는 동시 짓기, 불조심 포스터 만들기 같은 과제가 그렇지요. 이런 경우 "해 보지도 않고 왜 못한대!"라고 말하면 안 그래도 하기 싫은데 엄마의 야단까지 들어서 과제를 하는 내내 불만과 짜증만 더 커질 수 있습니다. 이럴 때는 가장 먼저 아이의 마음을 읽어 주는 것이 중요해요. 그리고 과제를 해낼 방법을 찾는 것은 적극적으로 도와주되 실제 과제를 하는 과정에서는 엄마가 도와줄 수 있는 선을 정하는 것이 좋습니다. 반드시 아이가 자신의 과제에 직접 참여할 수 있도록 기회를 제공해야 해요. 예를 들어 다음과 같이 대화할 수 있어요.

엄마: 포스터 만들기는 처음 해 보는 것 같다, 그렇지? 하지만 이 과제는 너의 숙제지 엄마의 숙제가 아니야. 물론 엄마가 하는 방

법을 알려줄 수는 있어. 우선 우리 아들 포스터가 뭔 줄 알아? 본 적 있어?

아들: 응. 선생님이 보여 줬어. 글자도 쓰고 그림도 그리랬어.

엄마: 와, 잘 알고 있네. 그럼 어떤 글이랑 그림을 그리면 좋을지 생각한 거 있어?

아들: 아니, 몰라.

엄마: 잘 생각이 안 날 땐 다른 사람들은 어떻게 했나 자료를 찾아보는 게 좋아. 어떻게 찾아볼까? (아이와 함께 인터넷을 검색하거나 관련된 책들을 찾아본다.) 글자 수는 보통 몇 개 정도 되지? 내용은 무슨 내용들이 많아?

아들: 8개에서 10개 정도. 불을 조심해야 한다고.

엄마: 그래, 그럼 우리도 여덟 글자에서 열 글자 정도를 만들어 볼까? (아이디어를 공유하며 글과 그림을 계획한다.) 이제 정말 포스터를 만들어야 하는데 엄마가 어떤 걸 도와주면 좋겠어?

아들: 전부 다.

엄마: 엄마가 다 만들면 그건 엄마 작품이라 네 숙제로 낼 수는 없어. 그림을 그리는 것과 색칠하는 것 중 어떤 걸 도와줄까?

아들: 그리는 거.

엄마: 좋아. 그럼 엄마가 그리는 것을 도와줄게. 여기 사람이랑 불이랑 집을 그려야 하는데 엄마가 사람을 그릴 테니까 우리 아들이 불이랑 집을 그려 볼까?

이 과정에서의 핵심은 즐거움입니다. 아이들은 놀이를 할 때 귀찮아하거나 힘들어하지 않지요? 아이가 어떤 과제를 하기 싫어하는 것은 그것을 일로 여기기 때문입니다. 엄마와 뭔가를 함께하는 과정 자체가 즐겁다면 다소 어렵다 하더라도 일로 느끼기보다 즐거운 놀이로 기억될 수 있습니다. 따라서 처음 해 보는 과제를 아이가 하기 싫어하고 엄마가 대신 해주기를 바란다면 과정 자체가 즐거울 수 있도록 도움을 줘야 합니다. 그래야 또다시 새로운 과제를 맞닥뜨릴 때 엄마와 함께할 새로운 놀이로 즐겁게 도전할 수 있을 테니까요.

아이가 좋아하는 것을 더 잘하도록 응원해 주세요

실패가 두려운 아이, 성공하는 것만 보여 주고 싶은 아이의 경우입니다. 보통 이런 아이는 평소 뭔가를 잘 해내고 성공한 경험이 많아요. 예를 들어 어릴 때부터 인지적으로 빠른 아이는 무엇이든 금방 기억하고 언어도 또래보다 빠른 편이거든요. 고급 언어나 영어 등을 많이 사용하고 보드게임처럼 승패가 있는 놀이에서 승리의 경험을 많이 한 아이는 '대단하다', '잘한다', '멋지다', '훌륭하다' 등 평가와 결과 위주의 칭찬을 많이 받았을 가능성이 높아요. 이런 아이는 '사람들은 뭔가 잘했을 때 나를 좋아한다'라는 생각이 강하게 자리 잡습니다. 그리고 이런 경험이 많을수록 낯설거나 못할 것 같고 질 것 같은 놀이나 과제에는 아예 도전 자체를 하고 싶어 하지 않아요.

'칭찬이 오히려 독이 된다'는 말이 있잖아요? 아이가 뭔가를 잘했을 때 결과 위주의 과한 칭찬을 하면 오히려 새로운 도전을 두려워하거나 실패에 대한 불안을 가질 수 있다는 점을 잊지 말아야 합니다.

아이의 학습과 관련된 상담을 하다 보면 가끔 아이가 못하는 것, 부족한 것을 잘하도록 하는 데 더 열정을 쏟는 엄마들을 봅니다. 예를 들어 미술은 잘하는데 발표를 못하는 아이의 경우 웅변학원과 스피치 학원을 보내지요. 반대로 운동은 너무 잘하는데 미술을 못한다면 미술 학원을 보냅니다.

물론 자녀가 골고루 다 잘한다면 더없이 좋겠지요. 하지만 세상에 완벽한 사람은 없잖아요. 특히 아직 자신이 무엇을 좋아하는지, 잘하는지도 모르는 아이는 다 잘하게 하는 것보다 좋아하고 잘하는 걸 더 잘하게 하는 게 중요할 수도 있어요.

뭔가를 잘할 때는 그냥 잘하는 것이 아니라 많이 반복했고 시간이 많이 필요했고 더 잘하기 위해 충분히 노력한 결과거든요. 자신이 좋아하는 것에서 인정을 받아 본 아동은 인정받는 기쁨도 함께 경험했기 때문에 다른 분야에서도 사람들에게 인정받기 위해 더 열심히 노력할 가능성이 높아요. 못하는 것을 잘하게 만들기보다 잘하는 것을 더 잘하게 하는 게 훨씬 쉽고 금방 효과가 나타나서 아이가 자신의 강점을 빨리 찾는 데도 도움이 됩니다.

요즘 엄마들은 아이의 자존감과 자신감 형성을 위해 정말 많이 노력하잖아요? 뜻하지 않게 아이가 "난 못해"라고 말한다면 엄마 입장에서 쉽게 마음이 가라앉지는 않을 거예요. 그렇다고 단순히 "아니야, 할 수 있어"라고 아이 말을 자르고 부정하며 강요하면 안 됩니다. 그 이유는 이제 아시겠지요? 자신감 없는 아이 말의 근본 원인은 무엇이고 엄마로서 어떻게 도움을 주면 좋을지 전략을 짜서 자존감 빵빵, 자신감 쑥쑥, 건강한 마음의 아이로 키우길 바랄게요.

아이 마음 짓기 05

걱정하는 아이의 마음을 안심시켜 주세요

사소한 일도 걱정하는 아이, 어떻게 대응해야 할까요?

양육을 하다 보면 아이가 "엄마가 죽을까 봐 걱정이야", "천둥 번개가 쳐서 우리 집이 날아갈까 봐 걱정이야", "도둑이 들면 어떻게 해", "아빠가 교통사고가 날까 봐 불안해", "비행기가 떨어질까 봐 무서워", "혼자 있으면 귀신이 나타날 것 같아" 등 생기지 않은 일에 대한 걱정과 불안을 이야기하는 경우가 있습니다.

걱정이 무조건 나쁜 것만은 아니에요. 예를 들어 우리는 시험을 앞두고 결과에 대한 불안과 걱정 때문에 현재 자신의 행동을 통제하고 시험 준비를 더 열심히 합니다. 또 집에 화재가 날지 모른다는 걱정과 염려가 있어야 집에 소화기나 화재경보기, 스프링클러 등을 점검하고 화재 대피 훈련을 하거나 화재보험 등에 가입하지요. 걱정이 있기 때문에 실제 그 일이 닥쳤을 때는 당황하지 않고 문제를 해결할 수 있어요.

걱정이라는 부정적 감정은 인간이라면 누구나 느끼는 것이고 어느 정도는 있어야 조심성과 준비성, 긴장감을 가질 수 있기 때문에 적절한 수준의 걱정과 불안은 오히려 득이 되기도 합니다.

지나친 긴장감과 불안은 스트레스로 작용하여 건강을 해치기도 하고 하루 중 많은 시간 동안 부정적 감정에 휩싸여 세상을 왜곡해서 바라보게 하지요. 지나친 걱정은 위축되고 강박적인 행동을 초래하기 때문에 아이가 걱정을 유난히 자주 한다면 관심을 갖고 적절히 도움을 줄 필요가 있습니다. 만약 아이가 생기지 않은 일에 대해 지나치게 걱정을 많이 하고 있다면 우선 3가지 정도를 파악해 보세요.

첫째, 지나친 걱정이 언제부터 시작되었는가?

둘째, 하루 중 언제 얼마나 지나친 걱정을 자주 표현하는가?

셋째, 지나친 걱정이 아이의 생활에 어느 정도로 영향을 미치는가?

아이의 불안을 자극하는 원인을 살펴보세요

만약 지나친 걱정을 시작한 시점이 엄마가 갑자기 직장을 다니기 시작했을 때거나 이사 혹은 다니던 유치원을 옮긴 이후라고 가정해 봅시다. 차에 잠든 아이를 두고 잠시 물건을 사러 간 사이 아이가 깨서 혼자 차에서 운 경우도 같은 맥락이라 할 수 있어요. 아이가 예상하지 못한 당황스런 사건을 경험한 후 걱정이 시작되었다면 원인은 예측하지 못한 상황에 대한 두려움 또는 이전 경험에서 해결되지 않은 불안 때문이라 할 수 있어요.

“저는 제가 언제부터 회사를 다닐 거라고 아이에게 미리 얘기했는데요?”라고 의아해 하는 엄마도 있을 겁니다. 하지만 아이 입장에서 보면 엄마가 언제부터 회사를 다닐 거라는 예상은 했어도 그 밖에 예측하지 못한 상황이 매우 많았을 거예요. 엄마가 항상 옆에서 간식도 챙겨 주고 해야 할 일, 그때그때 친구와 있었던 갈등들을 함께 고민해 주곤 했었는데 막상 엄마가 출근하고 나니 여러 가지로 닥친 불편함과 갈등 상황이 버겁기만 했을 겁니다. 또 잠을 자고 일어났더니 차 안에 갇혀서 나갈 수도 없고 가만히 있자니 엄마는 안 보이지요. 순간이지만 매우 무서웠을 거예요.

예상치 못한 과거의 부정적 감정은 혹시 미래에도 이런 일들이 생기면 어쩌지 하는 불안감으로 작용하게 되지요. 이런 경험이 반복되거나 단 한 번 일어났더라도 불안감이 충분히 해소되지 못했다면 아이는 생기지 않은 일에 대해 미리 걱정을 할 수 있습니다. 이 경우 엄마가 "아빠는 운전을 잘 해서 교통사고가 나지 않는다", "도둑이 오면 경찰 아저씨가 와서 잡아 갈 것이다"라고 말해도 아이의 걱정은 다른 형태로 또다시 나타날 가능성이 높습니다. 걱정과 불안의 근원이 이전 경험에서 출발한 것이기 때문에 근본적인 문제 해결이 되지 않으면(정서적으로 편안한 상태가 되지 않으면) 형태가 끊임없이 바뀌어 나타날 테니까요.

그렇다고 이미 일어난 과거의 사건을 없는 것으로 할 수는 없잖아요. 따라서 이런 경우 "예전에 생긴 일은 잊어버려. 왜 자꾸 안 좋은 것을 생각해서 걱정을 더 만들어?"라며 야단을 치고 비난하는 것은 좋지 않습니다. 오히려 아이의 놀란 마음을 충분히 공감하면서 앞으로 그런 일들이 다시 일어나지 않도록 함께 노력해 보자는 자세가 바람직하지요.

또 엄마는 이전보다 훨씬 아이의 정서를 세심하게 살피면서 아이가 정서적으로 편안한 상태가 되도록 도와줘야 합니다. 엄마와 아이 사이의 깨진 신뢰를 회복할 수 있도록 일관된 태도를 보이는 것이 필요하지요. 언제까지 그래야 하냐고요? 엄마가 정하시면 안 돼요. 아이의 걱정이 줄고 정서적으로 안정될 때까지 해야 하는 겁니다.

아이는 엄마에게 많은 걱정을 표현할 수 있어요

아이의 지나친 걱정이 하루에 언제 얼마나 자주 나타나는지, 이렇게 지나친 걱정이 아이의 생활에 얼마나 크게 영향을 주는지 등을 관찰하는 것도 매우 중요해요. 예를 들어 학교생활은 큰 문제가 없는데 집에 돌아와 엄마한테만 유독 지나친 걱정의 말을 하는 아이가 있습니다. 자신이 좋아하는 놀이를 하거나 좋아하는 곳에 갈 때는 평소처럼 잘 웃다가 심심하거나 하기 싫은 일, 힘든 일을 앞두고 유독 걱정을 많이 하는 아이도 있지요. 만약 아이가 학교생활 중이거나 친구와 놀 때, 자신이 좋아하는 일을 할 때는 평소와 다르지 않고 엄마에게만 유독 걱정을 많이 이야기한다면 너무 크게 반응하거나 함께 걱정에 빠질 필요는 없습니다.

평소 유튜브를 좋아하고 자주 보는 외동딸 지민이는 3학년이 되면서부터 "내 잘못이 방송에 나가면 어떻게 해", "누가 날 찍으면 어떻게 해", "엄마가 아파서 일찍 죽으면 어떻게 해" 등 걱정이 많아졌다고 합니다. 그런데 이런 걱정은 학교에서는 티가 나지 않고 유독 엄마에게만 많이 한다고 했지요.

엄마는 지민이가 워낙 밝고 씩씩했던 아이라 이런 변화가 너무 낯설고 걱정이라고 했습니다. 우선 저는 지민이와 엄마의 평소 분위기, 의사소통 방식 등을 파악하고자 부모-자녀 놀이 상호작용을 살펴봤지요.

처음 상담실에 들어올 때 지민이는 '나 매우 걱정이 많아요'라는 표정으로 들어왔지만 엄마와 단둘이 놀이실에 들어간 후로는 1초도 되지 않아 금방 밝아지면서 놀잇감을 탐색했습니다. 그러고는 매우 신나는 표정으로 "엄마, 나 이거 할래. 엄마는 옆에서 쉬어"라며 놀이를 주도적으로 이끄는 모습을 보였습니다.

30분간의 놀이에서 나타난 특이점은 2가지였습니다. 지민이는 매우 인정받고 싶은 욕구가 큰 아이라는 것, 엄마는 지민이에게 어떤 작은 스트레스도 주고 싶지 않은 듯 지민이가 힘들다는 말에 매우 민감한 반응을 보인다는 것이었지요.

지민: (지금의 놀이가 즐거운 듯) 맨날 이렇게 놀았으면 좋겠다.

엄마: 왜? 공부하는 거 힘들어? 어떤 공부가 싫어?

지민: 아니, 괜찮아. 별로 안 힘들어. 근데 엄마, 우리 학교 운동장이 옛날에 공동묘지였대. 그럼 밤에 죽은 사람들이 나타나?

엄마: 누가 그런 얘기를 해? 어디서 나온 말이야? 다 거짓말이야. 자꾸 그런 얘기 듣고 생각하니까 무섭다고 하지!

엄마는 아이가 아무 걱정 없이 행복하게만 지내기를 바라겠지만 세상은 그렇게 매일매일 행복한 일만 생기거나 행복한 마음만 느끼고 살 수는 없어요. 엄마도 예전에 친구들과 학교의 전설로 내려오는 공동묘지 이야기를 들은 적이 있잖아요. 귀신 이야기며 공부에 대한 스트레스, 엄마나 친구에 대한 불만 등을 얘기하면서 걱정과 불안을 느낀 적이 있을 겁니다.

"맨날 이렇게 놀았으면 좋겠다", "학교 운동장이 공동묘지였다고 한다" 등 일상적인 말에 지나치게 크게 반응하면 아이가 엄마와의 대화에서 특별한 대화거리가 없을 때 걱정과 스트레스를 표현하며 엄마의 반응을 이끌어 내기도 합니다.

일어나지 않은 일에 대한 걱정은 반응하지 마세요

아이도 한 인간으로서 희로애락을 경험하는 것은 당연해요. 주변 사람들과 작은 걱정들을 나누며 해결해 봐야 큰 걱정이 생겼을 때 하나씩 해결해 나갈 수 있지요. 또 일어나지 않은 일에 대한 지나친 걱정은 결국 내 건강과 기분만 나빠질 뿐 삶에 큰 도움이 되지 않는다는 것을 아이도 경험해 봐야 해요. 이때 엄마가 아이의 마음을 공감해 주기 위해, 힘든 마음을 위로해 준다며 지나치게 크게 반응하면 오히려 엄마와 아이가 이 문제에 더욱 깊이 빠지는 부작용이 생길 수 있습니다.

물론 현재 아이에게 닥친 문제는 적극적으로 들어 주고 함께 해결하기 위해 답을 찾으려 노력하는 자세가 필요해요. 하지만 아직 일어나지 않은 일에 대해 지나치게 걱정할 경우 "엄마도 어릴 적 너와 같은 걱정을 했어. 하지만 그런 일이 쉽게 생기지는 않으니 걱정하지 않아도 돼"라며 조금은 가볍게 넘어갈 필요도 있어요. 그리고 이럴 때는 혼자 있게 하기보다 누군가와 함께 있는 시간, 즐거운 시간, 뭔가 몰입할 수 있는 시간을 보내도록 하는 것도 좋은 방법이 될 수 있습니다.

만약 아이가 엄마뿐만 아니라 학교생활 중에도 걱정이 많고 하루 중 슬프고 우울한 표정, 겁에 질린 듯 불안한 모습을 보이는 경우가 자주 나타난다면 주의 깊게 관심을 가질 필요가 있어요. 그리고 그 기간이 한 달 이상 지속되고 있다면 근본적인 원인을 파악해서 전문적인 도움을 줄 필요가 있습니다.

엄마는 소중한 내 아이가 상처 없이 마음이 단단한 아이로 자라기를 바라지요. 그렇다고 길을 가다 넘어져 생긴 가벼운 상처로 병원까지 뛰어갈 필요는 없어요. 작은 상처는 의학적인 치료보다 마음의 위로가 더 효과적일 수도 있거든요. 때론 위로의 말과 반창고로 가볍게 치료해 주는 것이 아이의 마음을 더욱 편안하게 돕는 것일 수도 있습니다. 물론 큰 상처는 더 깊게 곪거나 번지지 않도록 전문가의 도움을 받을 필요가 있다는 점도 잊지 말아야 합니다.

아이 마음 짓기 06

퇴행의 모습을 보이는 아이를 너그럽게 감싸 주세요

아이가 연령에 맞지 않는 말과 행동을 왜 하는 걸까요?

앞서 아이가 걱정이 많고 불안할 때 하는 말에 대해 살펴봤어요. 아이가 하는 말 중에는 지나가듯 한 말인데 반대로 엄마가 불안해지는 말들도 있지요. 바로 **퇴행** 같은 아이의 말입니다. 아마 많은 엄마들이 '퇴행' 하면 떠오르는 상황이 있을 거예요. 예를 들어 배변 훈련이 끝나 스스로 화장실을 잘 가던 아이가 동생이 태어난 이후 갑자기 기저귀를 찾습니다. 컵으로 우유를 잘 마시던 아이가 기관을 다닌 이후로 다시 우유병을 찾고요. 어느 날 갑자기 어린 아기처럼 행동하고 말할 때가 있지요.

3~4세의 어린아이도 아닌 6세 이상의 아이가 다시 아기처럼 행동하고 아기 소리를 냅니다. "엄마 배 속으로 들어가고 싶어", "학교를 안 가고 유치원에 더 다니는 게 좋겠어", "난 친구랑 노는 것보다 엄마랑 노는 게 더 재미있어" 등의 말을 하기도 하고요. 엄마의 마음은 불안해지기 시작합니다. 심지어 아기 때 놀던 장난감을 꺼내 놀면서 "난 이 장난감이 제일 좋아"라며 연령에 맞지 않는 말과 행동을 할 경우 화가 나기도 하지요.

초등학교 입학을 앞둔 7세 건희는 요즘 한글 떼기와 유치원에서 하는 일기 쓰기, 받아쓰기 때문에 스트레스가 많습니다. 또 태권도 학원, 영어 학원을 다니랴, 방문 학습지 선생님이 내주는 숙제를 하랴 할 일이 많아져서 부쩍 엄마와 갈등이 많아졌지요. 엄마는 6세까지는 실컷 놀도록 내버려 뒀으니 초등학교 입학 준비를 좀 해야 한다고 생각하는데 건희는 맨날 공부만 한다고 짜증입니다.

이런 생활이 6개월 정도 반복되었을 즈음 건희는 부쩍 "무섭다", "학교 가기 싫다", "형아가 안 되고 싶다", "다시 엄마 배 속으로 들어가고 싶다"는 말을 자주 했습니다. 엄마가 쓰레기를 버리러 간 사이 동생을 돌보며 집에 잘 있었는데 이제는 "엄마가 가면 안 돌아올 것 같다", "나쁜 사람이 엄마를 데리고 갈 것 같다", "무서운 사람이 집에 들어올 것 같다", "혼자 있으면 불이 날 것 같다" 등 불안한 말들도 끊임없이 했습니다. 엄마는 건희를 달래도 보고 초등학교에 대한 두려움을 없애고자 입학할 초등학교 운동장에 가서 놀게도 해줬습니다. 하지만 건희의 퇴행하는 말은 점점 내용이 많아지고 구체화되는 것 같아 소아정신과 상담을 받게 해야 하나 고민하게 되었습니다.

건희처럼 초등학교 입학을 앞둔 7세 아동의 스트레스는 생각보다 많습니다. 건희의 경우 그전까지는 자유롭게 놀다가 갑자기 학습량과 수준이 높아졌고 생활 패턴이 학원에 가고 과제를 해야 하는 스케줄로 빠듯해졌으니 당연히 스트레스가 많을 수밖에 없지요.

사실 특별히 이런 변화가 없어도 초등학교 입학은 그 자체만으로도 아이들에게 상당히 큰 심리적 중압감을 줍니다. 최소 1년간 주변에서 "너 학교 가면 선생님 말씀 잘 들어야 한다", "학교 가려면 한글은 알고 가야 한다", "준비물도 못 챙기는 걸 보니 학교 갈 준비가 안 되었구나", "학교에서는 선생님이 유치원 선생님처럼 일일이 챙겨 주지 않는다" 같은 말을 듣는데, 이는 아이에게 상당한 심리적 부담입니다.

낯설고 두려운 미래에 대한 불안을 심리적으로 보호하고자 퇴행하는 행동을 보이는 것은 어쩌면 당연한 방어기제일지도 모릅니다. 예를 들어 명절을 앞두고 시댁에 가고 싶지 않은 며느리가 "아, 괜히 시집갔어. 나도 결혼 안 하고 혼자 살걸"이라고 말하는 것처럼 말이에요. 누구나 힘든 일을 경험하고 싶지 않은 마음 때문에 이런 상황이 없던 시절을 그리워하는 것은 당연합니다.

또 다른 측면에서 퇴행은 인간이 긴장된 생활 속에서 스스로 휴식과 자유를 누리며 균형과 평온함을 찾기 위한 자연스러운 과정인지도 모릅니다. 예를 들어 긴장된 직장 생활을 마치고 집에 돌아와 남편이나 친정 엄마에게 어리광도 부리고 특별한 관심을 받고 싶어 하는 것은 누구나 매일 하고 있는 퇴행의 모습이지요.

어른도 스트레스를 받으면 퇴행의 모습을 보여요

퇴행은 살면서 누구에게나 언제든 나타나는 자연스러운 과정일 수 있어요. 만약 아이가 평소에 잘 하던 행동을 하지 않으려고 하거나 퇴행의 말을 자주 한다면 '아이가 지금 스트레스를 많이 받고 있구나'라고 생각하고 스트레스의 근본적인 원인을 찾아보세요. 부정적인 시각으로 야단을 치며 못 하게 하거나 비아냥거리면 오히려 어릴 적 아무것도 하지 않아도 사랑받았던 때를 그리워할 수 있습니다. 엄마가 지나치게 과잉 반응을 보이지 않는 태도가 중요해요.

"거봐, 엄마가 한꺼번에 하려면 힘드니까 미리미리 해두라고 했지?"

"그 장난감은 애기 때나 갖고 노는 거지, 누가 아직도 가지고 놀아!"

"네가 가기 싫다고 학교를 어떻게 안 가. 걱정만 한다고 해결되는 건 없어. 쓸데없는 소리 하지 말고 빨리 가서 한글이나 써."

명절을 앞두고 시댁에 가고 싶지 않은 마음에 친정 엄마에게 투정을 부렸더니 "거봐, 엄마가 시집가 봐야 별것 없다고 했지?", "이미 시집간 걸 되돌릴 수 있어? 쓸데없는 소리 말고 얼른 집에 가서 음식이나 준비해"라는 말을 듣는 것과 같습니다.

친정 엄마에게 투정 부릴 때 이런 비아냥거림과 잔소리를 기대한 딸은 없을 거예요. 아마도 "아이고, 힘들어서 어쩐다니. 명절 전까지는 아무것도 하지 말고 친정에서 좀 쉬었다 가. 엄마가 전이라도 조금 준비해 줄까?"라는 말을 기대하지 않았을까요? 친정 엄마의 따뜻한 공감과 진심 어린 위로를 받는다면 '엄마한테 잘사는 모습을 보여 드려야지'라며 주어진 상황을 긍정적으로 받아들이겠지요. 내가 친정 엄마에게 기대했던 것처럼 내 아이도 같은 마음 아닐까요?

만약 아이가 "형아가 안 되고 싶다", "학교에 가고 싶지 않다" 등 퇴행하는 말을 한다면 이렇게 대화해 보세요.

"초등학교에 입학할 것이 많이 걱정되나 보구나. 맞아. 한 번도 해 보지 않은 일이 눈앞에 있다는 건 불안하고 걱정스러운 일이야. 엄마도 그랬던 것 같아. 유치원에서 초등학교로 올라갈 때, 초등학교에서 중학교로 올라갈 때, 중학교에서 고등학교로 올라

갈 때마다 설레기도 했지만 걱정도 되었지. 친한 친구랑 헤어지면 어떻게 할까, 새로운 친구들이랑 다시 친해질 수 있을까 같은 걱정이 엄마는 제일 많았는데 우리 딸은 어떤 게 제일 걱정이야?"

자녀보다 먼저 세상을 살아 본 엄마의 진솔한 경험은 아이에게 '나만 그런 게 아니구나. 엄마도 그랬구나' 하며 마음에 안심과 위로가 됩니다. 그리고 이런 엄마의 솔직한 고백은 아이가 '엄마한테 내 마음을 말해도 되겠구나'라고 생각하도록 친근감을 주지요. 왜 동생이 되고 싶은지, 왜 학교에 가고 싶지 않은지 구체적인 이유를 물어봐 주세요. 구체적인 이유가 나와야 방법도 구체적으로 찾을 수 있을 테니까요.

육아 꿀팁

아이가 손톱을 물어뜯거나 손가락을 빠는 등 구강기 욕구가 충족되지 않은 퇴행 행동을 보인다면 이렇게 해 보세요.

1. 우선 아이에게 손과 손톱에는 세균이 존재함을 알려줍니다.
2. 아이가 손가락을 빠는 모습을 보일 때는 청결과 위생을 위해 손을 닦고 올 수 있도록 지도합니다. 이는 비난을 하지 않고도 잠시 손가락 빨기를 멈추고 주위를 환기시키는 데 도움이 되지요. 또한 반복되는 이런 반응은 '손을 닦고 와라=손을 빨지 마라'로 인식이 되어 훈육의 효과가 있습니다.
3. 만약 아이가 불안해서 손가락을 빠는 것이라면 손을 닦고 온 뒤에는 불안감을 해소할 수 있는 방법(시험 전이나 초조한 상황 때문이라면 손을 잡아 주기 등)을, 심심해서 손가락을 빠는 것이라면 함께 즐겁게 놀이를 해줍니다.
4. 대화가 가능하고 스스로 통제가 가능한 나이의 아이라면 왜 손가락을 빠는 것 같은지, 언제 자주 빠는 것 같은지 등을 함께 대화하면서 손가락을 빨지 않기 위해 스스로 어떤 노력을 할 수 있을지 생각해 보도록 하고 아이의 노력에 응원을 해줍니다.

아이 마음 짓기 07

아이가 삐지면 시간을 두고 대화하세요

시도 때도 없이 삐지는 아이, 도대체 이유가 뭘까요?

오늘은 집에 손님이 와서 친구를 초대할 수 없다고 했더니 아이는 "엄마 미워. 엄마는 내 맘도 몰라주고…"라며 방 한구석에서 눈물을 흘립니다. 회사에서 야근이 있어 집에 늦게 왔더니 아이가 "엄마 싫어. 엄마 가. 엄마는 이거 안 줄 거야"라면서 할머니에게 가 버리지요. 원하는 장난감을 빨리 안 찾아 줬다고 "들어오지 마. 나 혼자 있을 거야"라며 문을 닫고 방으로 들어가고요. 밥 먹기 전에 과자는 먹지 말라고 했더니 "나 밥 안 먹어. 굶을 거야"라며 삐져서 밥도 안 먹습니다. 자야 할 시간이라 양치하자고 했더니 "엄마는 멀리 이사 가 버려. 나 이제 혼자 살 거야"라며 이불을 뒤집어쓰지요. 자기가 만든 작품을 버리라고 해서 버렸을 뿐인데 "몰라! 엄마랑 얘기 안 해!"라며 삐집니다. 시도 때도 없이 삐지는 아이와 어떻게 소통하면 좋을까요?

삐진 아이의 말과 행동은 정말 각양각색입니다. 하루에도 수십 번 반복되지요. 별로 속상한 일도 아닌데 삐지고, 매일 하던 대로 했을 뿐인데 오늘따라 삐집니다. 도대체 어디서부터 삐진 건지 그 시점과 내용도 알 수 없는 상황이 자주 일어나면 엄마는 "재 또 저러네" 하고 한숨만 나오지요.

아이가 삐졌다는 것은 자신의 마음을 알아 달라는 표현입니다. 엄마한테 멋진 작품을 보여 주고 싶었는데 자신이 만든 작품이 없어져서 속상한 마음, 엄마를 빨리 보고 싶었는데 빨리 오지 않아 기다리는 동안 애태웠던 마음, 양치를 하려고 했는데 엄마가 예쁜 말로 하지 않아서 서운했던 마음, 재미있는 놀이를 하려고 했는데 놀잇감을 찾지 못해 아쉬웠던 마음, 달리기 1등을 해서 엄마한테 멋진 모습을 보여 주고 싶었는데 져서 섭섭한 마음 등을 알아 달라는 거예요.

자신의 마음을 알아 달라는 표현은 그만큼의 기대가 있는 사람, 매우 가까운 사람에게만 합니다. 대부분 아무데서나 아무에게나 하지는 않지요. 그러니 다른 곳에서도 그럴까 봐 걱정하지 않아도 됩니다. 사실 엄마도 삐지는 마음은 남편이나 친정 엄마처럼 매우 가까운 사람에게나 들지, 직장 상사나 시어머니께 잘 삐지지 않잖아요. 아이도 마찬가지입니다.

아이는 아직 미숙한 방법으로 서운함을 표현해요

엄마는 내 자녀가 아직 다 성장한 어른이 아닌 미성숙한 아이임을 기억해야 해요. 감정은 부정적인 감정이든, 긍정적인 감정이든 누구나 느끼는 것이고 표현해야 하는 것이고요. 또 아이는 뇌 발달 단계상 이성적인 판단보다 충동적인 행동이 먼저 나오는 시기이며 자신의 감정을 적절한 단어로 표현하는 데 한계가 있지요. 그러니 엄마가 자신의 마음을 잘 모르는 것처럼 느껴질 때는 삐지는 행동으로 표현할 수밖에 없습니다. 이런 의미에서 보면 삐짐은 미성숙한 아이가 미숙한 방법으로 자기감정을 표현하는 거랍니다.

아이가 삐졌을 때 엄마의 반응은 크게 5가지 정도로 나뉘는 것 같아요. 하나씩 살펴볼 테니 자신은 주로 어떤 반응을 많이 보이는지 생각해 보세요.

첫째, 많은 엄마들이 사용하는 방법으로 아이가 크게 삐진 게 아닌 듯싶을 땐 대충 다른 데로 관심을 돌려 삐진 상황을 잊어버리게 하는 겁니다. 이 경우 당장은 해결된 듯 보이지만 아이의 삐진 감정을 별것 아닌 듯 무시했기 때문에 아이는 나중에라도 두고두고 다시 말할 수 있어요.

둘째, 충분히 설명했는데도 달래지지 않을 경우 "너 계속 그러면 엄마도 화낸다", "그럼 엄마도 이제 너랑 말 안 한다"라며 아이와 똑같이 행동하는 경우예요. 아이가 미숙한 방법으로 표현한다고 해서 성숙한 엄마가 미성숙한 아이처럼 행동해서는 안 되잖아요. 이 경우도 그리 좋은 효과를 기대할 수 없으며 좋은 모델이 될 수 없습니다.

셋째, "자기가 달리다 넘어져서 1등 못 해놓고 왜 나한테 삐져서 난리야", "빨리 입 안 집어넣어! 너 지금 못생긴 오리 입 같아"라며 야단을 치거나 비난하는 반응을 보이는 경우도 있지요. 처음에는 삐진 상황과 감정만 있었지만 이 경우 야단맞고 비난받았기 때문에 감정은 더욱 부정적으로 변합니다.

넷째, 삐진 행동에 반응해 주면 다음에 또 그럴까 봐 염려가 되어 무시하는 경우가 있어요. 가장 좋지 못한 반응입니다. 왜냐하면 아이는 엄마가 자신의 삐진 감정을 몰라서 반응을 안 하는 줄 알고 짜증을 내거나 던지기, 소리 지르기 등 더 과격한 행동을 보일 수 있거든요.

다섯째, 삐진 아이가 "나 밥 안 먹어"라고 할 경우 "그래, 그럼 먹지 마라"라고 하거나 아이가 "나 혼자 있을 거야. 엄마 나가"라고 할 때 정말 아이를 혼자 두고 나가는 경우가 있습니다. 이것은 부정적인 감정에 고통스러워하는 아이를 엄마가 혼자 두고 가 버리는 격입니다. 아이는 안 그래도 속상한 감정에 외로움이라는 부정적 감정이 더해져 더욱 불안해질 수 있지요. 어른도 좋은 일이 있을 때보다 나쁜 일이 있을 때 옆에 있길 바라던 사람이 없으면 더욱 서운하잖아요. 아이도 마찬가지로 자신이 긍정적인 감정일 때보다 부정적인 감정에 휩싸여 있을 때 더욱 엄마가 옆에 있어 주기를 바랍니다.

중요한 것은 5가지 반응 모두 아이가 원하는 반응이 아니었다는 사실이에요. 삐진 말과 행동은 아이가 자신의 마음을 알아 달라고 하는 표현이기 때문에 있는 그대로 공감해 주는 것이 가장 중요하거든요.

아이가 삐졌다고 비난하거나 재촉하지 마세요

엄마는 아이의 마음을 모르는 척 무시해서는 안 돼요. 아이의 감정이 잘못되었다고 비난할 필요도, 빨리 좋은 감정으로 돌아오라고 재촉할 필요도 없습니다. 단지 아이가 속상한 것을 엄마가 알고 있다는 표현을 해주는 것이 좋아요. 삐진 표현에는 엄마에 대한 서운함, 속상함이라는 진짜 감정이 숨어 있는 것이거든요. 진정한 소통의 시작은 표면적으로 드러나는 모습보다 내면적 감정, 진짜 마음을 알아차려 주는 것에서 출발해요.

예를 들면 "엄마가 밥 먹기 전에 과자 먹지 말라고 해서 삐졌어? 우리 아들도 이미 알고 있는데 엄마가 먼저 얘기했지? 그리고 엄마가 더 예쁘게 말했어야 했는데 엄마가 밉게 말해서 속상했구나. 그런데 우리 아들이 밥 안 먹으면 엄마도 밥을 먹을 수가 없어. 어떻게 하지?"라고 말해 주는 겁니다. 삐진 감정이 나타난 그 시점을 엄마가 알고 있다고 이야기해 주세요. 속상한 감정을 해결할 수 있는 방법에 대해 아이와 함께 의견을 나누고 타협점을 찾는 것은 그 뒤에 이야기해도 충분합니다.

엄마가 아이의 진짜 마음을 다 알 수는 없어요. 만약 아이와 함께 있지 않아 상황을 파악할 수 없거나, 함께 있었지만 아이가 왜 삐진 것인지 잘 모를 때는 물어봐도 괜찮습니다. 예를 들어 삐진 채 커튼 뒤에 숨어서 나오지 않는 아이라면 이렇게 말해 보세요.

"엄마는 우리 예쁜 딸 얼굴 보고 싶어. 얼굴이 안 보이면 엄마가 우리 딸 표정을 볼 수 없잖아. 표정을 보지 못하면 엄마가 우리 딸 마음을 알 수 없어. 나와서 얘기하자."

이렇게 말하고 기다려 주는 겁니다. 그리고 아이가 나왔다고 해서 바로 자신의 마음을 순서대로 원인과 결과를 대며 자세히 설명하기는 어려울 거예요. 그럴 땐 엄마가 구체적으로 하나씩 물어봐 주세요.

"우리 딸, 지금 마음이 어때? 속상한 걸까, 화가 난 걸까, 힘든 걸까? 우리 딸의 진짜 마음을 알아야 엄마가 도움을 주지. 엄마는 우리 딸의 진짜 마음이 궁금해."

이렇게 다그치지 않고 진지하게 묻는 거예요. 아이는 자신의 감정을 존중해 주는 엄마의 태도에 우선 감정이 누그러질 겁니다. 사실 엄마는 이미 알고 있는지도 모릅니다. 아이의 표정만 봐도, 숨소리만 들어도 직감적으로 알 수 있는 게 엄마거든요. 어쩌면 삐진 아이의 표정을 보고 싶지 않고 빨리 상황을 전환하는 데 급급한 나머지 아이의 진짜 마음을 보려고 시도조차 하지 않았을 가능성이 더 높지요.

아이가 삐져서 말과 행동을 부정적으로 표현하고 있는 상황이라면 이는 아이에게 다른 사람의 감정 읽기와 상황에 따른 문제 해결 능력을 가르칠 수 있는 좋은 기회일지도 모릅니다. 이런 생활 속 지혜는 책에 있는 지식과 상식을 가르치는 것보다 훨씬 중요하지요. 엄마가 아이와 갈등 상황에 대해 세밀하게 대화를 나누고 서로에게 좋은 타협점을 찾아 감정 코칭의 대화를 시도한다면 아이는 사회성과 정서 발달뿐만 아니라 언어 능력, 문제 해결 능력까지 향상시킬 수 있을 거예요.

아이 마음 짓기 08

포기하는 아이에게 비난의 말을 하지 마세요

쉽게 그만두고 포기하는 아이, 어떻게 바꿀 수 있을까요?

초등학교 1학년에 입학한 윤희와 윤호는 남매 쌍둥이입니다. 큰딸 윤희는 책을 좋아해서 또래에 비해 상식이 많고 언어 및 인지 발달이 빠른 편인 데 비해 동생 윤호는 집중 시간도 짧은 데다 한글도 아직 다 못 뗐고 무엇이든 쉽게 포기하는 편입니다. 그래서 엄마는 윤호에게 더 마음이 쓰이지요.

어느 날 윤호는 같은 반에 좋아하는 친구가 태권도를 다니는 것을 보고 자기도 태권도 학원에 다니고 싶다고 이야기합니다.

엄마: 한번 다니기 시작하면 끝까지 다녀야 해. 계속 다닐 수 있겠어?

윤호: 응. 친구랑 같이 다니니까 할 수 있어.

엄마는 윤호가 뭐라도 좋아하고 잘하는 게 생겼으면 좋겠다고 생각하고 있었기에 윤호가 먼저 태권도 학원을 다니겠다고 말해준 것이 반가웠습니다. 그러면서 혹시 이번에도 금방 포기하는 게 아닐까 내심 걱정도 되었지요. 그래도 자기가 먼저 다니고 싶다고 한 것이니 윤호를 믿고 보내 보기로 했습니다.

이후 일주일 동안은 즐겁게 다니나 싶더니 3주차부터 윤호는 태권도 학원에만 다녀오면 짜증을 내고 힘들다, 재미없다며 투정을 부립니다.

윤호: 나, 태권도 안 다니면 안 돼? 태권도 안 다닐래. 재미없어.

엄마: 엄마가 한번 다니기 시작하면 끝까지 다녀야 한다고 했지? 네가 먼저 다닌다고 해놓고 금방 또 안 다닌다고?

미술 학원도, 수영 교실도, 영어 학원도 얼마 안 다니다 그만둔 터라 엄마는 이번만큼은 끝까지 시키고 싶은데 싫다는 걸 억지로 시켜야 하는 건지 그만두게 해야 하는 건지 고민입니다.

인내와 노력, 반복 연습의 중요성을 잘 알고 있는 엄마 입장에서는 아이가 어떤 일을 시작한 후 끝까지 하지 못하고 쉽게 포기하려는 모습을 보일 때 마음이 편할 수가 없습니다. 그것도 여러 번 반복된다면 엄마의 걱정은 한숨으로 변하고 아이에게 실망한 나머지 다그치거나 마음 같지 않게 자꾸 잔소리를 하게 되지요.

일반적으로 아이가 과제를 쉽게 포기하게 되는 상황이나 이유는 다음과 같습니다.

첫째, 자신이 할 수 있는 것보다 높은 수준의 과제를 해야 하는 경우 흥미와 관심, 재미가 없어 쉽게 포기할 수 있습니다.

둘째, 기질적으로 낯선 것에 대한 두려움이 많은 아이의 경우 새로운 과제를 시작해 보지도 않고 포기할 수 있어요.

셋째, 평가에 예민하거나 경쟁에서 지는 것을 견디지 못하는 아이의 경우 자신이 질 것 같은 상황에서는 아예 도전 자체를 거부하며 포기하려 하지요.

넷째, 과제 수행의 과정에 대한 충분한 정보 없이 큰 기대만을 가지고 시작한 경우 아이는 쉽게 포기를 하게 됩니다. 예를 들어 아이가 피아노를 치고 싶다고 해서 다음 날 바로 피아노 학원에 보내면 안 돼요. 아이는 반복되는 손가락 연습과 재미없고 지루한 건반 누르기를 해야 하는 것은 예상하지 못하고 멋진 피아니스트가 될 것을 기대했기 때문에 금방 싫증을 내고 말 거예요.

다섯째, 부모가 평소 지나치게 도와줘서 아이가 혼자 과제를 해 본 경험이 부족한 경우입니다. 이런 아이는 스스로 생각하고 혼자 견디는 과정을 어려워하고 쉽게 포기할 수 있어요.

그 외에도 아이의 관심과 동기에서 비롯된 것이 아닌 엄마에 의해 억지로 시작된 경우, 정서적으로 우울하거나 무기력하고 귀찮아하는 아이의 경우 무엇이든 쉽게 포기하려 할 수 있습니다.

엄마는 아동기가 도전과 포기를 반복하는 시기라는 것을 어느 정도 인정할 필요가 있습니다. 시작하면 무조건 끝까지 잘해야 한다면 아이는 과부하에 걸리겠지요. 성인과 달리 아이는 아직 세상을 알아 가는 중이기 때문에 무엇이든 쉽게 시작할 수 있지만 크게 고민하지 않고 포기할 수도 있습니다. 또 자신이 무엇을 좋아하고 싫어하는지, 무엇을 잘할 수 있는지 아직 알지 못하지요. 아이가 자신의 재능과 능력을 판단하기 위해서는 스스로 많이 부딪히며 경험해 봐야 하기 때문에 중간에 포기하는 일이 당연히 많을 수밖에 없습니다.

도전과 포기를 반복하면서 진짜 재능을 발견해요

그렇다고 아이가 지나치게 쉽게 시작하고 쉽게 포기하는 것을 그냥 내버려 두어도 괜찮다는 의미는 아닙니다. 반복된 행동은 습관이 될 수 있기 때문에 엄마는 다음의 사항들을 유념하여 도움을 줄 필요가 있어요.

첫째, 초등 입학 전인 유아기는 아이의 능력을 키우는 시기라기보다 태도를 형성하는 시기라는 점을 명심하세요. 그리고 새로운 도전이 누구로부터 시작되었는지 살펴보세요. "피아노는 조금 칠 줄 아는 게 좋지", "남자아이는 태권도는 할 줄 알아야 자기 몸을 지킬 줄 알겠지", "영어는 빨리 시작해야 힘들지 않게 영어를 배우겠지" 등 부모의 판단으로 시작해서는 안 됩니다. 부모가 원해서 시작된 과제는 쉽게 포기하는 습관을 유발할 수 있어요. 작은 과제라도 아이의 관심과 의지, 동기로 시작할 수 있도록 격려하고 지지해 주세요.

둘째, 어려운 과제보다 아이의 현재 발달 수준이나 능력보다 약간 높은 수준의 과제를 제시해 주세요. 아이에게는 "어려운 걸 해냈다"보다 "내가 스스로 해냈다"가 더 중요하거든요. 아이가 혼자 힘으로 성공하는 기쁨, 진정한 성취감을 경험하게 해주세요.

셋째, 아이가 포기하려는 모습을 보일 때 엄마의 자세가 중요합니다. 바로 "안 돼. 한번 시작한 건 끝까지 해야 하는 거야" 혹은 "그래, 하기 싫으면 하지 마라"라고 불허 또는 허락을 하기보다 포기하는 원인이 무엇인지 구체적으로 파악하세요. 구체적인 원인을 이해해서 과정 중에 생긴 문제를 해결할 수 있도록 도움을 주는 것이 중요합니다.

예를 들어 윤호의 경우는 자기가 하고 싶다고 시작했음에도 불구하고 마음이 바뀌어 태권도 학원에 안 다니고 싶다고 했지요. 윤호는 처음 일주일 동안은 사범님의 도움과 적응 기간이라는 이유로 충분히 배려를 받으며 다녔기 때문에 재미있어 했어요. 하지만 이후로는 체격이 작고 신체 발달이 빠른 편이 아니라 또래보다 조금씩 뒤처지는 모습이 관찰되었습니다. 윤호는 태권도가 재미없고 싫어서가 아니라 자꾸 잘 못하는 자신을 보는 것도 싫고 칭찬받고 싶은데 생각만큼 잘 되지 않았지요. 이런 상황을 말로 표현하기 어려운 윤호는 엄마에게 할 수 있는 말이 "나 태권도 그만 다닐래"라는 말밖에 없었을 겁니다.

엄마는 아이가 경험하는 상황과 감정을 모두 알기 어려워요. 하지만 아이의 입장에서 볼 때 엄마가 자신의 상황을 잘 알지도 못한 채 무조건 "안 돼. 한번 시작한 것은 끝까지 다니는 거야"라고 한다면 어떨까요? 자신의 마음을 몰라주는 엄마에게 섭섭한 것은 물론이고 버겁고 힘든 상황을 어떻게 극복해야 하는지 방법도 모른 채 그냥 견뎌야 할 거예요. 따라서 무조건 다녀라, 다니지 마라로 반응하기보다 구체적으로 아이가 어떤 좌절을 경험하고 있고 왜 포기하고 싶은 마음이 생겼는지 구체적으로 파악해서 그 원인에 따른 도움을 줘야 합니다.

마지막으로, 아이의 인내심을 기르는 가장 좋은 방법은 엄마가 먼저 어떤 과제에 대해 참고 견디는 모습을 보여 주는 겁니다. 아이는 부모의 행동과 선택, 판단 하나하나를 보기도 하지만 부모의 삶 전체를 보고 배우거든요. 엄마가 꿈을 향해 도전하고 한 단계, 한 단계 성취하는 모습을 보여 주기보다 현실과 타협하며 늘

불평만 늘어놓는다면 아이의 생활 태도도 그와 크게 다르지 않을 겁니다. 그러나 엄마가 작은 것이라도 스스로 선택해서 도전하고 항상 최선을 다해 노력하는 모습을 보인다면 아이는 엄마의 모습을 통해 삶을 살아가는 방식을 깨닫겠지요.

포기를 했든, 포기하지 않고 계속하든 아이가 경험하고 느낀 그 과정에서 무엇을 어떻게 느꼈느냐에 따라 아이의 마음은 다르게 자랄 거예요.

자존감이 높은 아이로 키우는 엄마의 말

- 정서적으로 불안할 때 아이는 심리적으로 더 어린 시절로 돌아갑니다. 아이의 마음이 궁금하다면 낮은 목소리로 "엄마는 네 얘기를 들을 준비가 됐어. 조금 진정되면 얘기해 줄래? 엄마가 기다릴게"라고 말해 보세요.

- 쉽게 주눅 들고 눈치 보는 아이의 성격적인 부분을 비난하는 것은 절대 금물입니다. 눈치 보는 것은 조심성과 다른 사람의 감정을 살필 줄 아는 배려가 함께 포함된 겁니다. 이런 장점은 인정해 주되 엄마로서 걱정되는 부분을 아이가 알아들을 수 있도록 쉽게 이야기해 주는 것이 필요합니다.

- 아이는 '좋아한다/사랑한다'를 정확히 표현하고자 할 때 비교의 언어로 말하는 경향이 있습니다. 상대적 비교를 통해 강조하는 아이의 독특한 표현법에 속지 마세요. 둘 중 하나를 고르라는 질문이 아니랍니다.

- 초등학교 입학을 앞둔 7세 아동의 스트레스는 생각보다 많습니다. 낯설고 두려운 미래에 대한 불안을 심리적으로 보호하고자 퇴행하는 행동을 보이는 것은 어쩌면 당연한 방어기제일지도 모릅니다.

- 아이가 삐졌다는 것은 자신의 마음을 알아 달라는 표현입니다. 아이의 감정을 비난하거나 기분을 풀라고 재촉하지 말고, 아이의 속상한 마음을 엄마가 알고 있다고 표현해 주는 것이 좋아요.

- 아이는 도전과 포기를 반복하며 자신의 재능과 능력을 판단하기 때문에 아이가 어떤 좌절을 경험하고 있고 왜 포기하고 싶은 마음이 생겼는지 구체적으로 파악해서 그 원인에 따른 도움을 줘야 합니다.

엄마을 위한 말하기 수업

3

감정과 마음을 조절하는
아이가 되는 엄마의 말

아이 마음 짓기 09

자주 떼쓰는 아이에게 규칙을 말해 주세요

아이가 심하게 떼를 쓰면 어떻게 훈육해야 할까요?

어리고 미성숙한 아동을 성숙한 사회인으로 성장시키는 양육은 세상에 그 어떤 일보다 의미 있고 위대한 일임이 분명합니다. 이 엄청난 과정에 엄마는 함께하고 있는 것이고 우리는 이 여정 하나하나를 모두 잘 해내야 합니다. 하지만 엄마가 마음의 준비나 양육에 대한 지식 없이 아이를 돌본다면 마냥 기쁘고 행복할 수만은 없어요. 아이가 사랑스럽고 예쁜 것은 두말할 필요가 없지요. 그러나 아이를 예뻐만 한다고 잘 키울 수 있는 게 아니기 때문에 양육 과정이 항상 행복한 시간이 될 수는 없어요.

나 하나만 책임지면 되었던 한 여성이 엄마가 된다는 것은 막중한 책임감이 따르는 일입니다. 누군가 때마다 방법을 알려 주지도 않아요. 방법은 모르겠는데 잘못된 방향으로 가는 게 아닐까 하는 불안감이 몰려올 경우 엄마는 하루에도 수십 번 '내가 엄마가 될 자격이 있는 사람일까?' 하고 자책하게 됩니다.

더욱 속상한 것은 양육을 하다 보면 나의 부족한 점이 더 부각되어 나타나요. 예전엔 장점이라 생각했던 부분이 양육을 할 땐 오히려 단점으로 보이기도 합니다. 때론 20~30년 이상 지켜 왔던 내 성격과 말투, 표정을 바꿔야 하는 고통스러운 과정도 필요하지요.

예를 들어 볼게요. 결혼 전 누군가의 딸, 누군가의 사랑스런 연인, 직장 동료나 선배, 후배로서 생활할 때는 내 의견보다 다른 사람의 말을 잘 들어 주는 것이 장점이었습니다. 내성적이고 조용한 성격이 많은 사람들에게 인정받는 이유가 되었지요. 그러나 엄마가 된 후 웬만하면 아이가 원하는 것을 다 들어줬더니 엄마로서 너무나 나약해 보입니다. 아이가 선생님 말씀은 듣는데 내 말은 듣지 않지요. 조용하고 차분한 성격에 남의 말을 잘 거절하지 못하는 동하 엄마가 바로 그런 경우예요.

동하는 출생 시 2.7킬로그램의 몸무게로 작게 태어났어요. 이유식도 잘 먹지 않고 한번 울기 시작하면 잘 달래지지 않는 예민한 아기였습니다. 이제 4세가 되었지만 동하는 여전히 또래 아이

들보다 체구도 작고 갈수록 떼가 늘어 엄마는 걱정이 많지요.

마트에 가면 분명 아이스크림을 사 달라고 떼를 쓸 텐데 그래도 동하만 집에 두고 나갈 수 없으니 엄마는 오늘도 동하를 데리고 마트에 갑니다. 저녁거리만 빨리 사고 나오려는데 동하는 아이스크림을 사 달라고 떼를 쓰지요. 이걸 사 주면 바로 먹을 것이고 그러면 저녁을 거의 먹지 않겠지요. 문제는 대충 저녁을 먹어 배가 고픈 동하가 새벽 2~3시쯤 일어나서 아이스크림을 달라고 또다시 떼를 쓸 거라는 점입니다. 비몽사몽 아이스크림을 먹고 나면 이도 닦지 않은 채 잠이 들겠지요.

이런 일이 이미 한 달 넘게 반복되고 있어 동하는 벌써 충치로 신경치료를 받았고, 앞으로 치료를 받아야 할 게 더 남아 있는 상태예요. 소심하고 거절을 잘 못 하는 성격인 엄마는 동하가 벌써부터 자신보다 더 기가 센 것 같아 앞으로 어떻게 해야 할지 걱정이 태산입니다.

저는 동하 엄마와 상담을 하며 가슴 한쪽이 먹먹해졌습니다. 아이가 심하게 떼를 쓸 때 엄마는 자신이 얼마나 무능해 보였을까요? 너무 원하는 대로 해줘서 동하가 잘못 크는 건 아닐까 얼마나 불안했을까요? 처음부터 아이스크림을 안 줬으면 됐을 텐데 괜히 줘서 그 어린 아이를 신경치료까지 받게 한 건 아닌가 큰 죄책감에 시달렸을 겁니다.

새로운 규칙은 한 번에 하나씩 만드세요

모든 아이는 떼를 씁니다. 아이가 한 번도 떼를 쓴 적 없이 자라고 있다면 오히려 더 큰 문제가 될지도 모릅니다. 부모가 지나치게 강압적이면 아이가 자신의 감정을 솔직하게 표현하지 못하거든요. 부모가 지나치게 허용하는 경우에도 떼를 쓸 필요가 없고요.

아이가 떼를 쓴다는 것은 자기표현, 자기주장이 시작됐다는 의미예요. 옳은 행동과 그른 행동의 기준이 부족하기에 떼를 쓸 수밖에 없습니다. 문제는 아이가 떼를 쓸 때 어떤 기준으로 어떻게 조절하도록 도울 것인가 하는 겁니다. 그래서 아이의 떼쓰기는 엄마의 훈육 방식과 연결된 문제라고 할 수 있습니다.

동하 엄마의 상황을 통해 어떻게 아이의 떼쓰기를 조절할 수 있을지 좀 더 자세히 살펴볼게요. 엄마란 어린 자녀에게 단지 자신을 돌봐 주고 사랑해 주는 양육자 이상의 존재입니다.

아이는 삶의 올바른 기준을 적용해 본 경험이 부족합니다. 또 본능적인 충동에 따라 행동하기 때문에 그냥 '좋은 게 좋은 것이다'라는 식으로 내버려 두어서는 안 돼요. 훈육의 주체인 엄마는 자신의 성격적인 장점은 잘 활용하되 자녀를 바르게 양육하기 위해 요구되는 역할과 태도를 배워야 합니다.

엄마로서 해야 할 중요한 역할 중 하나가 바로 훈육인데 훈육이 효과적이기 위해서는 올바른 의미와 시기, 기본적인 태도를 잘 알고 적용하는 것이 중요합니다. 훈육이란 아이가 해도 되는 행동과 하지 말아야 하는 행동의 기준을 알고 실천하도록 돕는 것입니다. 간혹 엄마들 중에 "누가 엄마 말 안 들어! 엄마 말 안 들으면 나쁜 어린이야"라고 말하는 분들이 계세요. 이런 분들은 **훈육의 의미**를 '아이가 엄마의 지시를 따르도록 하는 것'이라고 잘못 생각하는 경우입니다. 그러면 아이는 어린 유아기에는 엄마의 말을 따를지 몰라도 점점 나이가 들수록 반항심이 생기고 오히려 엄마가 하지 말라고 한 것만 더 하고 싶어질지도 모릅니다. 결국 제대로 된 훈육은 이뤄지지 않지요.

훈육의 의미만큼 **훈육의 시기**를 민감하게 알아차리는 것 또한 중요해요. 24개월 전후로 말귀를 알아듣기 시작한 아이가 2~3번 이상 같은 상황에서 떼를 쓰는 행동이 반복된다면 규칙을 만들 필요가 있다는 신호입니다. 예를 들어 2~3일째 계속 아이가 아침, 점심, 저녁마다 밥을 먹기 전에 아이스크림을 달라며 떼를 쓴다고 가정해 봅시다. 이때가 바로 아이와 함께 아이스크림 먹기에 대한 기본 규칙을 만들어야 하는 시점입니다.

그런데 엄마의 판단에 훈육의 시기가 되었다고 갑자기 "아니야, 오늘부터는 1개씩만 먹어야 해. 그러니까 이따 점심 먹고 먹어"라며 거절하는 것은 좋지 않습니다. 우선 평소대로 아이스크림을 꺼낸 후 아이에게 규칙을 제안해 보세요. 왜냐하면 아이는 어제까지의 경험상 엄마가 아이스크림을 줄 것이라고 기대했는데 오늘 갑자기 주지 않으면 짜증이 나거든요. 짜증이 난 상황에서는 아이와 합의를 통한 규칙을 만들 수 없어요. 그러니 우선 기존대로 엄마가 아이스크림을 꺼내어 들고 기준을 말하는 것이 좋습니다.

엄마: (아이스크림을 들고) 아이스크림은 줄 거야. 그런데 잠깐 기다려. 엄마랑 약속을 하나 하고 먹어야 할 것 같아. 엄마가 요즘 우리 아들을 보니 매일 밥 먹기 전에 아이스크림을 달라고 하는구나. 그런데 아이스크림은 계속 먹으면 배가 아프고 이도 썩기 때문에 이렇게 많이 먹을 수는 없어. 아이스크림은 이제부터 하루에 1개만 먹기로 하자. 어때 괜찮겠니? (보통 아이는 현재 먹을 수 있다는 기쁨에 합의를 하게 된다.) 그럼 지금 먹으면 오늘은 점심때랑 저녁때는 먹을 수 없고 내일 다시 먹을 수 있는 거야. 괜찮겠어?

기억해야 할 것은 새로운 규칙을 만들 때 아이가 한 번에 1개씩만 지키도록 제안하는 것이 좋습니다. 예를 들어 밥을 먹기 전 하루 3번 아이스크림을 먹는 아이가 있다고 가정해 봅시다. 3번 먹던 것을 1번 먹는 것도 쉽지 않은데, 평소처럼 밥을 먹기 전이 아니라 먹은 후에 먹어야 하는 것까지 2가지를 동시에 참아야 한다면 아이에게는 버거운 규칙이 될 수 있어요. 규칙은 아이가 지킬 수 있는 수준을 고려하여 제안해야 합니다.

이렇게 새로운 규칙을 하나 만들었다면 다음은 아이가 이 규칙을 잘 지키도록 하는 것이 중요합니다. 규칙을 잘 지킬 수 있도록 도움을 주면서 잘 지켰을 때 충분히 칭찬해 줘야 해요. 예를 들어 아침에 아이스크림을 하나 먹어서 더 이상 먹을 수 없는 상황이라면 엄마도, 아빠도, 누나도 모두 아이스크림을 먹지 말아야 합니다. 다시 유혹이 생기지 않도록 아빠가 퇴근을 할 때 아이스크림을 사 오지 말아야 해요. 그리고 습관적으로 먹던 점심때와 저녁때 아이가 아이스크림이 생각나지 않도록 혹은 아이스크림을 먹는 것보다 더 큰 보상을 해주면 좋습니다. 그 시간에 좀 더 즐겁게 아이와 함께 놀아 준다면 아이는 더 잘 참을 수 있겠지요. 매일 잘 실천하고 있는 아이를 수시로 격려하며 응원하는 것도 잊지 말아야 하고요.

외출할 때는 이유와 목적을 충분히 설명해 주세요

아이가 마트에 가서 장난감을 사 달라며 떼를 쓰는 행동이 반복되고 있다면 반드시 체크해야 할 것이 있습니다.

첫째, 엄마는 '마트=장보기'로 생각하고 갔지만 아이는 '마트=장난감'으로 기대하고 간 게 아닌지 점검이 필요하지요. 아이의 기대가 '마트=장난감'이라면 마트에 가서 장난감을 사지 않기는 쉽지 않아요. 그러니 마트에 가기 전 아이에게 마트에 가는 이유와 목적에 대해 미리 얘기해야 합니다. 아이의 떼를 줄이기 위해서는 아이가 엄마의 행동을 예측할 수 있도록 알려 줘야 해요.

둘째, 장난감을 살 수 있는 날은 언제인지, 미리 아이와 규칙을 만든 적이 있는지 점검해 봐야 합니다. 예를 들면 어린이날, 생일, 크리스마스처럼 특별한 날을 포함해 월급을 타는 날 등으로 날짜를 정해 놓는 거예요. 언제 장난감을 살 수 있는지에 대한 구체적이고 일정한 규칙 없이 엄마가 사 주고 싶을 때 혹은 아이가 사 달라고 할 때마다 사 주면 떼쓰기는 점점 심해질 수 있습니다.

셋째, 훈육이 효과적이기 위해서는 평소 엄마가 자녀를 보고 자주 웃고 다정하게 대해 주는 태도가 전제되어야 합니다. 평소 엄마의 미소와 웃음은 아이에게 그 행동을 계속해도 된다는 신호가 돼요. 반대로 엄마의 무표정은 아이에게 잘못된 행동을 멈추라는 신호로 작용하지요.

예를 들어 마트에서 장난감을 살 수 없는 날이라고 가정해 볼게요. 아이가 알고 있음에도 불구하고 장난감을 사 달라고 한다면 평소 웃던 표정을 잠시 멈추고 2~3초간 조용히 단호한 태도로 아동의 눈을 바라보세요. 아이는 엄마의 무표정을 보고 '더 이상 떼를 쓰면 안 되겠구나', '더 이상 떼를 써도 소용이 없겠구나'

를 스스로 알게 됩니다. 그러나 평소 엄마가 잘 웃지 않고 무표정했다면 아이는 엄마가 소리를 지르며 혼을 내야 화가 났음을 알 수 있어요. 평소 엄마가 자주 소리를 지르는 편이었다면 매를 들어야만 아이는 떼쓰기가 잘못된 행동임을 알게 됩니다.

때때로 사랑스런 아이에게 단호한 태도를 보일 필요가 있습니다. 예쁘니까 들어주고 애교 부리니까 사 주고 안쓰러워 승낙해 주고 떼쓰니까 허용해 줘서는 안 돼요. 무서운 태도가 아닌 단호한 태도는 반드시 배우고 연습해야 하는 자세입니다.

아이 마음 짓기 10

아이의 감정 수준을 확인하는 질문이 중요해요

아이의 부정적 감정을 어떻게 조절할 수 있을까요?

어릴 적 이런 말 들어 본 경험 있으신가요?

"어디서 조그만 게 어른 앞에서 성질을 내? 짜증 내지 마. 화 그만 내!" 성질, 짜증, 화 모두 부정적인 감정을 의미합니다. 과연 화를 내지 않고 사는 사람이 있을까요? 오랜 세월 특별히 수행을 하지 않은 보통의 사람이라면 누구나 화가 나고 화를 낼 겁니다. 인간은 영유아기 감정이 분화되기 시작하면서부터 자연스럽게 다양한 긍정적 감정과 부정적 감정을 느끼거든요. 화도 많은 감정 중 하나예요. 그리고 인간은 누구나 자신의 감정을 표출하고 싶은 본능을 가지고 있습니다.

아이도 성인과 마찬가지로 화가 납니다. 아이가 화를 표현하는 건 당연해요. 특히 아이는 1부터 100까지의 부정적 감정 중 현재 자신의 감정이 어느 정도의 수준인지를 정확히 인식하지 못합니다. 더욱이 적절한 방법으로 해소해 본 연습이 턱없이 부족하지요. 아이가 화를 표현하는 방법에서 성인보다 서툰 이유입니다.

이해를 돕기 위해 성인을 예로 들어 볼게요. 여기 3가지 사건이 있습니다. 첫 번째는 가위바위보에 져서 점심시간에 혼자 심부름을 다녀온 상황입니다. 두 번째는 돈이 많이 들어 있지는 않지만 지갑을 잃어버린 상황이에요. 세 번째는 중요한 면접에서 떨어진 경우입니다. 일찍 서둘렀는데 생각지 못한 교통체증으로 면접을 볼 기회조차 없이 탈락했어요. 3가지 모두 부정적인 감정에 사로잡힐 가능성이 높습니다.

보통의 성인이라면 첫 번째의 경우 쉬지 못하는 불편함을 감수해야 하지만 대부분 그리 크게 화가 나지는 않을 거예요. 여유로운 사람이라면 '봉사 한번 하지 뭐' 하고 웃으며 넘길 수 있을 겁니다. 지갑을 잃어버린 경우는 앞의 사건보다는 좀 더 찜찜하고 짜증 나는 등 부정적 감정이 많이 생길 거예요. 그래도 '내가 잘못한 건데 어쩌겠어'라며 털어 버리겠지요. 하지만 세 번째의 경우는 다릅니다. 내 잘못도 아닌데 너무 큰 손해를 보게 되었으니 정말 누군가 건드리면 폭발할 만큼 크게 화가 날지도 모릅니다.

물론 같은 부정적 감정이라 해도 모두 같은 수준으로 느끼는 것은 아닙니다. 하지만 일반적인 경우 상대적으로 조금 낮은 수준과 높은 수준의 감정은 비슷하게 느껴요. 다음 감정 단어들을 보고 부정적 감정의 크기를 비교해 보세요.

아쉽다 〈 짜증 난다

안타깝다 〈 속상하다

찜찜하다 〈 폭발할 것 같다

맘이 편치 않다 〈 화가 치밀어 오른다

나른하다 〈 피곤하다

쑥스럽다 〈 창피하다

초조하다 〈 수치스럽다

실망하다 〈 좌절하다

건강한 성인이라면 부정적인 감정 단어들이 대략 언제 어떤 상황에서 느껴지는지 압니다. 어느 정도 수준의 느낌인지도 알지요. 감정을 느꼈을 때 어떻게 대처하는 것이 좀 더 현명할지 알고 있는 경우도 많습니다. 우울하면 음악을 듣거나 짜증이 날 땐 맛있는 음식을 먹는 것처럼요. 하지만 아이의 경우 감정 단어들의 의미가 많이 낯섭니다. 언제 어느 정도의 수준으로 감정을 표현해야 하는지, 어떻게 대처해야 하는지 잘 모르는 경우가 많아요.

자신의 감정을 세세하게 표현할수록 좋아요

아이와 대화를 할 때 최대한 많은 감정 단어를 사용하는 것이 좋습니다. 3~4세 아동들은 처음 느끼는 낯선 감정을 주로 "무서워"라는 말로 일반화하는 경우가 많아요. 아직 상황마다 다른 감정의 차이를 잘 인식하지 못하는 거예요. 사용할 줄 아는 감정 단어가 다양하지 못하니 부정적인 감정은 모두 '무섭다'라는 말로 표현하는 겁니다. 즉 아이의 '무섭다'는 어른의 '무섭다'와 다른 의미인 경우가 많아요. 엄마가 상황에 따라 감정 단어들을 최대한 세밀하게 표현해 주면 아이의 감정 표현은 점차 세분화될 수 있습니다.

예를 들어 갑자기 정전되어 집이 깜깜해졌다고 가정해 봅시다. 아이가 "무서워"라고 말한다면 "아니야, 무서운 거 아니야. 괜찮아"라고 말하기보다 "갑자기 불이 꺼져서 당황했지?"라고 말해 주는 거예요. 새로운 장소가 불편해서 "무서워"라고 말한다면 "새로운 곳이라 많이 낯설 거야"라고 말해 주세요. 처음 재롱 잔치의 무대에 올라가야 한다면 "처음 무대에서 춤을 추는 거라 많이 어색할지도 몰라" 등으로 다양하게 표현해 주세요. 그러면 아이는 엄마의 말을 통해 자신의 감정이 어떤 것인지 인식하게 됩니다. 감정의 차이를 비교하고 점차 감정의 수준에 맞게 감정을 조절할 줄 알게 되지요.

감정은 표현해야 합니다. "화내지 마", "화내면 나쁜 애야"가 아니라 "속상한 일이 있었나 보구나. 그래서 화가 났어?"라고 말해 보세요. 그리고 전과 비교해서 감정 수준의 차이를 알 수 있도록 한 번 더 물어봐 주세요. "음, 얼마큼 화가 났을까? 1만큼 화가 났어, 아니면 10만큼 화가 났어?"라고요. 점차 아이는 화가 나면 무조건 크게 소리부터 질러서는 안 된다는 사실을 알게 될 거예요. 자신의 감정을 좀 더 객관적으로 인식하고 상황에 맞게 조절하는 연습을 하게 해주세요.

감정 수준을 알면 조절 능력을 키울 수 있어요

6세 동원이가 블록으로 집을 만들고 있습니다. 몇 번을 다시 해도 블록이 자꾸 쓰러져 원하는 집이 완성되지 않고 있어요. 동원이는 처음에 "에잇! 진짜 왜 이래" 하며 짜증을 내다 결국 울기 직전의 표정으로 발을 동동 구릅니다. 엄마가 설거지를 하다 짜증을 내는 동원이의 소리를 듣고 달려옵니다.

엄마: 동원이가 원하는 대로 블록이 만들어지지 않나 보구나. (감정을 읽어 준다.) 그런데 어느 부분이 잘 안 되었을까? (상황을 자세히 파악해 본다.)

동원: 이렇게 하려고 했는데 자꾸 쓰러지잖아! (블록을 발로 밀고 뒤로 돌아선다.)

엄마: (토라진 동원에게 다가가) 동원이 이리 와 봐. 엄마한테 멋진 집을 보여 주려고 했는데 집이 자꾸 쓰러졌어? 그래서 화가 났어? (머리를 쓰다듬으며) 우리 동원이 화가 많이 난 것 같은데? 얼마큼 화가 났을까? 5만큼 화가 났을까, 아니면 10만큼 화가 났을까? 지난번에 동생이 동원이가 만든 작품을 망가뜨렸잖아. 그때는 5만큼 화가 났다고 했는데, 지금은 그보다 더 조금 화가 났어, 아니면 더 많이 화가 났어? (자신의 감정 수준을 인지하도록 돕는다.)

동원: 더 많이…. 6만큼.

엄마: 동생이 동원이 작품을 망가뜨렸을 때보다 더 화가 나?

동원: 동생은 애기라 몰라서 그런 거니까….

엄마: 그래, 동원이가 지금 얼마나 화가 많이 났는지 알겠어. (아이의 감정을 인정한다.) 그런데 화가 났다고 블록을 발로 밀고, 만들기를 포기하면 어떻게 될까? (스스로 생각해 보도록 시간을 준다.) 엄마가 설거지를 다 끝내고 나면 동원이를 도와줄 수 있을 것 같은데, 엄마랑 다시 같이 해 볼까? (대안을 제시하고 아이가 할 행동을 알려 준다.) 그럼 엄마가 설거지를 끝내는 동안 동원이가 블록을 좀 정리해 줄래?

아이가 짜증을 내면 위로해 주면 되지 "얼마큼 화가 났냐, 속상한 마음이 1만큼이냐 5만큼이냐"라고 굳이 물어야 하느냐고 생각할지 몰라요. 하지만 우리 주변을 살펴보세요. 자신의 감정 수준이 얼마큼인지 몰라 상황에 적합하지 않은 과한 행동을 하거나 나아가 분노조절장애로 고통받는 사람들이 상당히 많습니다.

1만큼의 부정적 감정이면 1만큼만 속상하고 1만큼의 적절한 해소를 하면 되는 겁니다. 10만큼의 부정적인 감정은 살면서 생각보다 그렇게 많이 생기지 않아요. 하지만 자기감정을 정확히 인지하지 못하는 사람들은 자신에게 조금이라도 부정적인 일이 생기고 부정적인 감정이 느껴지면 모두 10만큼 화를 냅니다.

엄마는 아이가 감정이 분화되는 유아기부터 자신의 감정을 세밀하게 들여다보고 적절히 표현할 수 있도록 돕는 것이 필요해요. 자기감정을 정확히 인지하는 아이가 타인의 감정도 세밀하게 공감할 뿐만 아니라 자존감이 높다는 것을 꼭 기억하세요.

아이 마음 짓기 11

약속을 통해 신뢰와 배려를 알려 주세요

아이가 약속을 지키도록 하려면 어떻게 해야 할까요?

법과 규범, 규칙은 한 사회에서 사람들끼리 함께 지키기로 약속한 것입니다. 각자 욕구와 가치 기준이 다른 사람들이 조화를 이루고 질서를 유지하며 살아가기 위해 약속은 반드시 필요하지요. 만약 약속이 없다면 인간의 안전은 보장받을 수 없을 거예요. 사람들 사이에서 일어나는 수많은 갈등을 해결할 기준이 없으니 큰 혼란이 초래될 겁니다. 급기야 사회 질서가 무너지면서 편안하고 행복한 삶을 누릴 수 없겠지요.

아이를 양육한다는 것은 한 인간을 독립된 올바른 사회인으로 길러 내는 거예요. 부모는 양육을 통해 자녀가 자신이 속한 사회에서 해도 되는 것과 안 되는 것의 기준을 알도록 가르치고 이를 실천하도록 도와야 해요. 특히 아이는 자기중심적 사고를 가지고 있을 뿐만 아니라 충동 에너지(원초아)에 1차적인 지배를 받거든요. 규칙과 규범, 약속을 알려 주고 지키도록 지도하지 않으면 사회 속에서 함께 어울려 살지 못할 겁니다.

사람들은 남을 배려하지 않고 자기 마음대로 하는 사람을 좋아하지 않아요. 인간은 누구나 다양한 관계 속에서 사랑받고 자신의 능력을 인정받으며 살기를 원하지요. 이를 위해 아동기부터 조금씩 사회의 규칙과 규범을 알고 작은 약속들을 지키는 경험을 통해 올바른 사회인으로서 바로 서는 연습을 해야 합니다.

많은 양육 코칭 전문가들은 아이의 발달과 수준별로 아이가 배우고 실천해야 할 작은 규칙들의 기준을 제시하곤 합니다. 예를 들어 24개월 전후로는 식사를 할 때 돌아다니면서 먹지 않도록 가르치라고 하지요. 안전과 위생을 위해 외출한 후에는 손을 씻도록 지도하고요. 이런 일상의 작은 규칙은 스스로 자신의 일과를 조절할 수 있도록 돕는 기본 생활 습관 형성과 관련됩니다.

아이가 기관 생활을 시작하는 시점부터는 지켜야 할 규칙이 조금씩 늘어갑니다. 다른 사람과 함께 즐겁게 생활하기 위해서는 장소와 상황마다 지켜야 할 다양한 약속들이 있거든요. 남에게 해를 끼치거나 방해해서는 안 되고 위험으로부터 자신을 보호할 수 있어야 합니다. 가정이나 공공시설에서의 규칙, 또래와의 놀이 규칙, 교통안전 및 놀이터에서의 규칙 등은 바로 아이를 둘러싼 주변 환경에서 지켜야 할 규칙들이지요.

부모가 아이에게 먼저 일관성을 보여 주세요

아이에게 규칙을 알려 주고 좋은 습관을 기르기 위해서는 어른의 올바른 훈육 방법과 전략이 필요합니다. 좋은 행동은 더욱 강화하고 잘못된 행동에는 벌을 주는 훈육은 아이의 규칙 형성을 돕기 위한 기본 전략이며 훈육이 효과적이기 위해서는 무엇보다 부모의 신뢰와 일관적인 태도가 중요합니다. 다음과 같은 평소 부모의 일관적이지 않은 모습들은 아이에게 심리적으로 큰 혼란을 줍니다.

담배를 피우지 않기로 했던 아빠가 몰래 담배를 피우는 경우

평소 따뜻하던 엄마가 아이가 잘못하면 지나치게 무섭게 대하는 경우

저녁에 놀아 주기로 해놓고 피곤하다며 내일 놀자고 미루는 경우

화 안 내고 말하기로 해놓고 욱한 마음에 소리를 지르며 말하는 경우

작은 사회인 가정에서 합의된 약속과 규칙이 별것 아닌 듯 흔

들리면 아이는 보다 큰 사회에서 필요한 약속과 규칙의 중요성을 받아들이지 못하고 조절 능력을 잃을 수 있습니다. 반대로 가정에서 작은 약속을 실천해 본 아이는 규칙을 통한 신뢰와 안정감을 바탕으로 스스로 규칙을 지키려고 노력합니다.

상황에 맞게 융통성을 발휘하도록 도와주세요

약속에서 일관성은 무엇보다 중요하지만 그와 함께 꼭 염두에 둬야 할 것이 있습니다. 바로 융통성입니다. '일관성을 유지하되 융통성을 발휘하라'라는 말은 굉장히 모순된 말처럼 들릴지도 모릅니다. 하지만 인간이 살아가면서 일관성만 중시하고 융통성을 발휘하지 않는다면 삶은 매우 메마르고 답답할 거예요. 배려받지 못한 느낌과 딱딱한 삶에 회의를 느끼고 점점 규칙에서 이탈하는 사람들이 많아질지도 모릅니다.

자칫 어린 자녀에게 약속의 중요성을 지나치게 강조한 나머지 오히려 아이와의 관계를 그르치는 경우가 있습니다. '한번 정한 약속은 반드시 지켜야 한다'는 생각에 사로잡혀 융통성을 발휘하지 못하는 거예요. 아이 중에 이런 말을 하는 경우가 종종 있습니다. "난 억울해요. 엄마도 안 지킬 때 있거든요. 엄마는 엄마 좋을 대로만 얘기해요." 대부분 엄마가 약속의 중요성을 지나치게 강조하는 경우입니다.

예를 들어 아이가 한번 약속을 했으면 반드시 지키도록 노력해야 합니다. 하루에 문제집을 2쪽 풀기로 했으면 무슨 일이 있어도 풀어야 하고요. 하루에 사탕을 1개만 먹기로 했으면 반드시 지켜야 한다고 생각하는 거예요. 물론 아이가 말한 것들을 다 지킬 수 있다면 좋겠지만 세상에 그 어떤 아이도 자신이 한 말을 다 지킬 수는 없어요. 아니, 어떤 성인도 자신이 한 말을 다 지키고 살지는 않습니다.

5세의 민희는 엄마와 하루에 아이스크림을 1개만 먹기로 약속했는데, 그 약속한 아이스크림을 오전에 먹어 버렸습니다. 민희와 엄마가 오후에 놀이터에 나가 놀고 있는데 지민이를 포함해 같은 반 친구 3명이 놀이터를 향해 옵니다.

지민 엄마: 아이스크림 먹으려고 사왔는데 민희도 먹을래?

민희: (엄마를 쳐다보며) 먹어도 돼?

민희 엄마: 네가 말씀드려. 우리는 아이스크림을 하루에 1개만 먹기로 했는데 아침에 먹었다고.

결국 민희는 아이스크림을 먹지 못하고 친구들을 쳐다만 봅니다. 아이스크림을 먹지 못한 민희는 놀이터에서 노는 내내 덥다, 신발에 모래가 들어갔다, 재미가 없다 등 짜증을 내며 엄마 근처에서 맴돌다 먼저 집으로 들어가고 말았지요.

약속은 지켜야 하지만 상황이 달라졌다면 융통성을 발휘할 수 있어야 합니다. 다른 친구들이 모두 먹고 있는 상황에서 어린아이가 혼자 먹지 않고 참는다는 것은 어려운 일이에요. 게다가 이때 엄마가 빠뜨린 중요한 것이 있습니다. 바로 아이의 마음을 헤아리는 공감이에요. 만약 엄마가 민희의 마음을 공감해 주면서 약속의 일관성은 지키되 융통성을 발휘했다면 어땠을까요?

엄마도 사회생활을 하면서 융통성 없는 사람을 본 적이 있을 거예요. 아이가 약속을 잘 지키도록 하는 목적은 결국 스스로 조절하는 능력을 갖고 사회에 잘 적응하도록 돕기 위한 거예요. 사회에 잘 적응하는 사회성이 높은 아이는 상황과 대상에 따라 다르게 판단하며 다양한 문제 해결 능력을 가지고 융통성을 발휘할 줄 알지요. 또한 다른 사람의 마음을 헤아릴 줄 아는 공감 능력을 갖추고 있습니다. 상황과 대상에 대한 다양성을 배제한 채 엄마가 일관성만을 강요한다면 내 아이의 사회성은 매우 높은 수준까지 올라가기는 어려울 거예요.

일관성을 지키되 융통성을 발휘한다는 건 말이 쉽지 어려운 일이에요. 또 어떤 갈등 상황이나 아이의 문제 행동에 정답이 하나만 있지 않거든요. 옆집에 자녀를 잘 키운 선배 엄마가 했던 방식을 그대로 따라 한다고 내 아이가 옆집 아이처럼 자라진 않아요.

현명한 엄마는 그 어떤 것보다 내 아이의 마음에 집중할 수 있는 열린 귀와 열린 마음이 필요합니다. 몇 가지 흔들리지 않는 양육 원칙을 세우고 다양한 상황에 따른 적용 능력과 합리적인 선택을 위한 마음의 여유만 있으면 충분해요.

육아 꿀팁

아이가 엄마와의 약속을 지키기 힘들어할 때는 '감정 코칭 4단계 대화법'을 시도해 보세요.

① 1단계 : 아이의 마음 공감하기
"친구들이 다 같이 먹으니 우리 민희도 먹고 싶겠다."

② 2단계 : 아이가 객관적인 상황을 인식하도록 돕기
"그런데 우리는 아이스크림을 하루에 1개만 먹기로 했는데 민희는 아침에 아이스크림 1개를 먹었어."

③ 3단계 : 아이와 함께 합리적 대안 찾기
"지금 또 먹으면 하루에 2개를 먹게 되는데 어떻게 하지? 오늘 2개를 먹었으면 내일은 아이스크림을 먹지 않는 건 어떨까? 아니면 지금 조금 참고 내일 다시 1개를 먹는 건 어떨까?"

④ 4단계 : 아이의 선택을 존중하기
아이의 선택이 무엇이든 따라 줍니다. 상황과 대상에 따라서 아이의 감정을 존중해 주는 것도 중요해요. 큰 문제가 아니라면 마음의 여유를 갖고 살펴 보세요.

아이 마음 짓기 12

엄마의 질문이 아이를 평생 공부하게 합니다

아이가 공부에 관심을 갖게 하려면 어떻게 해야 할까요?

초등학교 3학년 재혁이의 엄마는 수학 학원 원장으로 아들의 공부에 관심이 많습니다. 그러나 재혁이는 공부를 그다지 좋아하지 않아요. 학교생활에서도 자신감과 의욕이 없는 편이지요. 어느 날 엄마는 재혁이가 학원에 오지 않았다는 연락을 받았어요. 엄마는 놀라서 온 동네와 학교를 다 찾아다녔지요. 겨우 놀이터에서 재혁이를 발견했는데 아이는 한쪽에서 친구들의 놀이를 구경하고 있었어요. 재혁이를 찾은 안도의 한숨도 잠시, 엄마는 재혁이를 집으로 데려와 대화를 시도해 봅니다.

엄마: 오늘 왜 학원에 안 갔어?

재혁: 놀다가, 깜빡해서.

엄마: 노는 것도 아니던데? 넌 구경만 하고 있던데?

재혁: (아무 말도 하지 않는다.)

엄마: 너 이제 3학년인데 아직 구구단도 잘 모르고 더하기랑 빼기도 맨날 틀리잖아. 어떻게 하려고 해? 세상에 구구단을 모르는 사람이 어디 있어! (재혁이는 말없이 고개만 푹 숙이고 있다.)
너 나중에 사회에 나와 봐. 그나마 공부할 때가 제일 좋은 거야. 공부만큼 쉬운 게 어디 있어? 집중해서 하면 잘할 수 있는데 왜 그걸 안 해?

대한민국에서 부모-자녀 관계의 중심에 공부가 있음은 누구도 부정하기 힘들 겁니다. 각종 드라마며 TV 예능에서 공부를 주제로 한 프로그램은 매년 빠지지 않고 등장하며 엄마들 사이에 화제의 중심이 되는 경우가 많지요.

공부를 두고 자녀와 본격적으로 갈등이 시작되는 건 보통 초등학교 입학하면서부터인 것 같습니다. 한두 살 아이를 먼저 키운 선배 엄마의 조언은 귀에 쏙쏙 잘 들어오거든요. "1~2학년 때 공부 습관을 길러 놓지 않으면 3~4학년에 올라가서 따라가기 힘들다"라는 말을 듣는 순간 엄마의 마음은 불안해지기 시작합니다. 내 아이의 수준이나 관심과는 상관없이 뭔가 해야 할 것 같고 습관 형성을 위해 규칙을 정해야 할 것 같아요. 이때부터 또래와 노는 게 더 좋은 아이와 공부 습관을 키우고 싶은 엄마 사이의 전쟁이 본격화됩니다. 학년별 필독서만큼은 꼭 읽히고 싶은 엄마와 자신만의 취미를 즐기고 싶은 아이의 갈등도 만만치 않지요.

물론 우리 사회에서 공부를 잘하면 좋은 점은 분명 많습니다. 내 자녀에게 좋은 것을 주고 싶은 것은 당연한 마음이지요. 엄마의 말대로 사회에 나와 높은 취업 경쟁률을 뚫고 취업을 하는 건 결코 쉽지 않아요. 좋은 직장에 들어간다고 한들 살아남기란 더 더욱 어렵습니다. 그러니 인생을 먼저 살아 본 엄마 입장에선 공부만 하면 되는 학생 시기가 좋은 때이고 공부가 제일 쉽다는 말이 나올 법도 하지요.

하지만 엄마도 경험해 봐서 알잖아요. 실제로 공부를 잘한다는 건 결코 쉬운 일이 아니란 걸요. 아이도 공부를 잘했을 때 받을 수 있는 칭찬과 자유를 잘 알고 있습니다. 공부를 잘하고 싶지 않은 아이는 아마 없을 거예요. 잘하고 싶지만 잘 안 되는 거지요.

특히 재혁이의 경우 공부를 해야 하는 이유를 백날 이야기한들 엄마의 바람대로 공부를 잘하기란 쉽지 않을 겁니다. 왜냐하면 재혁이는 학교생활 전반에서 자신감이 없고 의욕이 없는 상태라 학습 자체가 재미가 없거든요. 시간에 맞춰 학원을 가지 않는 등 스스로의 행동을 조절하기 어렵기 때문에 조절 능력이 많이 필요한 공부에 집중하기는 어려운 상황입니다.

기본 욕구가 충족되면 배움에 대한 동기가 생겨요

인본주의 심리학자 에이브러햄 매슬로는 인간의 욕구를 5단계로 설명했습니다. **매슬로의 인간 욕구 5단계** 이론에 따르면, 인간은 누구나 본능적인 욕구가 있는데 이 욕구는 하위 욕구가 해결돼야 상위 욕구로 올라갑니다.

공부와 관련된 배움의 욕구, 지식 추구의 욕구는 인간이 자아실현을 이루고자 달려가는 것과 관련된 욕구로서 가장 상위에 있는 욕구에 해당해요. 다시 말해 1단계의 생리적 욕구(의식주 해결), 2단계의 안정 욕구(불안감 해결), 3단계의 소속 욕구(가족 및 또래 관계에서의 소속감과 사랑), 4단계의 존중 욕구(인정받고 싶은 마음) 등 하위 4단계의 욕구들이 충분히 해결돼야 비로소 공부하고 싶은 생각이 듭니다.

안타깝게도 학교생활에서 자신감과 의욕이 없는 재혁이는 소속감과 인정의 욕구가 충족되지 못한 상황입니다. 그렇다 보니 상위 욕구인 배움에 대한 동기가 생기기란 쉽지 않지요.

문제는 여기서부터 시작됩니다. 준비되지 않은 아이를 억지로 공부를 시키려고 하니 잔소리가 늘어날 수밖에 없어요.

"공부도 다 때가 있어. 공부 열심히 해야 훌륭한 사람 돼."

"네가 하고 싶은 일을 하려면 지금 공부를 해놔야 기회가 생기는 거야."

"공부해서 남 주니? 공부가 인생에 전부가 될 수도 있어."

"그 성적에 잠이 와? 고통은 잠깐이지만 못 배운 고통은 평생이야."

"최선을 다한 거 맞아? 노력은 절대 배반하지 않아."

"영어는 어렸을 때 안 해놓으면 따라 갈 수가 없어."

"이렇게 공부해서 나중에 뭘 해서 먹고살래?"

공부=잔소리가 되어 공부 얘기만 나오면 갈등이 생기고 결국 엄마와 아이의 관계만 점점 멀어지지요. 자녀가 잘되기를 바라는 좋은 의도의 말이 자꾸 아이의 마음에 상처만 주는 말로 표현되는 안타까운 현실입니다.

학습과 관련된 엄마의 말 중에는 아이들이 생각했을 땐 이해되지 않는 말들도 상당히 많이 있습니다. 결국 엄마가 하는 말의 신뢰만 떨어뜨리는 결과를 초래하지요.

오늘 하루 아이가 무엇을 배웠는지 질문해 보세요

엄마가 살던 20세기에는 공부를 잘하면 원하는 직업을 가질 수 있고 높은 직위나 안정적인 수입을 얻을 수 있었습니다. 하지만 아이가 경험하고 있는 요즘의 시대는 그렇지 않거든요. 특별히 공부와 상관없는 유튜버나 아이돌은 자신이 하고 싶은 일을 하며 행복감을 느끼는 듯 보입니다. 그러니 자신이 직접 보고 느끼고 경험한 것을 믿는 아이가 생각했을 때 엄마의 말은 별로 도움이 되지 않는 말, 믿음이 가지 않는 말이 될 수밖에 없어요. 시대가 달라졌는데 예전 시대의 사고로 잔소리를 하며 아이의 마음과 행동을 움직이는 것은 사실상 거의 불가능합니다.

만약 자녀와 공부 때문에 심리적 거리감과 잦은 갈등이 생기고 있다면 학습에 대한 부분은 아이에게 맡겨 보세요. 그리고 당장 아이를 책상에 앉히려고 하기보다 아이의 하위 욕구가 충족될 수 있도록 도와주세요. 학습에 대한 의미를 다시 한번 생각해 보는 것도 좋습니다.

예전처럼 대학만 잘 들어가면 되는 시대가 아니에요. 늘 새로운 것을 배우고 새로운 변화에 적응하며 평생 공부를 해야 하는 시대입니다. 평생 해야 하는 공부인데 재미가 없으면 할 수가 없잖아요. 재미있는 공부, 행복한 공부가 되려면 성적이 우선인 공부가 아니라 성장이 우선인 공부가 되어야 합니다.

오늘 하루 아이가 뭔가를 특별하게 경험하고 느끼고 생각했다면 아이의 삶을 성장시키는 공부를 한 겁니다. 교과서에 나오지 않는 주제여도, 어떤 사소한 내용이어도 상관없어요. 하루 한 번씩 "오늘 너에게 특별한 일은 무엇이 있었니?", "오늘 새롭게 배운 것은 무엇이니? 그것으로 무엇을 느꼈니?"라고 묻고 꼭 이야기해 주세요. "많은 것을 배웠구나. 오늘의 경험과 배움이 네 인생에 큰 도움이 될 거야."

자녀의 성적이 엄마의 양육 성적표, 엄마의 자존심인 시대는 지났습니다. 교과서에 나온 공부만 잘한다고 행복을 보장받을 수 있는 시대가 아니에요. 공부 때문에 사랑하는 자녀와의 관계를 망치는 행동은 하지 않는 것이 더 현명할지도 모릅니다.

아이 마음 짓기 13

칭찬의 말이 아이를 집중하게 합니다

산만한 아이의 집중력을 높이려면 어떻게 해야 할까요?

초등학교 1학년 지효는 그리기나 만들기, 피아노 치기 등 음악과 미술을 좋아합니다. 그림을 그릴 때는 두 눈을 반짝거리며 불러도 모른 채 1시간 넘게 꼼짝도 하지 않고 집중하기 때문에 엄마는 지효의 집중력이 높은 편이라고 생각하지요. 하지만 수학 문제집을 풀어야 할 때 지효의 모습은 완전히 달라집니다.

우선 시작 전부터 얼굴을 찌푸리며 하기 싫어하고 겨우 달래서 앉혀 놓아도 여러 핑계를 대며 도망을 가지요. 평소 사이가 좋은 지효와 엄마이지만 수학 문제집을 푸는 시간만큼은 엄마의 한숨과 잔소리, 눈치작전과 갈등이 끊이지 않습니다.

지효: (두 다리를 의자에 올리고 엉성한 자세로 겨우 앉는다.)

엄마: 다리 내리고 똑바로 앉아.

지효: (엄마를 째려보며) 똑바로 앉았어.

엄마: (수학 학습지를 꺼내며) 숙제가 어디까지야?

지효: (대답을 하지 않고 연필로 딴짓을 한다.)

엄마: 어디, 여기? 엄마도 너랑 이렇게 실랑이하는 거 싫어. 어차피 해야 하는 거 빨리 끝내자. 하면 잘하잖아. 얼른 펴.

지효: (투덜거리며 학습지를 펴지만 보지도 않고) 몰라. 어려워.

엄마: 아직 시작도 안 했는데 뭐가 어려워. 이거, 엄마랑 했던 거네. 할 수 있어. 해봐.

지효: (울기 직전의 얼굴로) 언제까지 하라고!

엄마: 숙제는 다 해야지. (한숨을 쉬고) 이제 겨우 1학년인데 벌써부터 공부를 싫어하면 어떻게 하려고 그래!

지효: (짜증을 내며) 이걸 언제 다 해!

엄마: 하지 마. 그만해! (거실로 나간다.)

지효가 첫 번째 문제부터 집중하지 못하고 나중에 하고 싶다, 졸립다, 엄마도 공부해라 등 여러 핑계를 대자 결국 참다못한 엄마가 소리를 지르고 나간 겁니다. 화를 내는 엄마의 모습에 당황한 지효는 혼자 방에서 눈물을 흘립니다.

엄마가 보기엔 어렵지 않은 문제, 많지도 않은 양입니다. 하지만 아이는 해 보지도 않고 어렵다, 너무 많다며 투덜대지요. 평소 좋아하는 놀이를 할 때는 1시간 이상 집중하던 아이가 공부를 할 땐 10분도 앉아 있지 못하는 걸 보면 엄마는 '이 애가 그 아이 맞나' 싶은 심정이 들기도 합니다. 학습을 시키고 싶은 엄마와 거부하는 아이 사이의 심리적 거리는 멀게만 느껴지지요.

아이가 무조건 공부를 많이 하기를 바라는 엄마는 없습니다. 잘하기를 바라는 거지요. 짧은 시간 공부를 해도 성적이 높고 공부만 잘한다면 엄마와 아이 사이 공부로 인한 갈등은 생기지 않을 겁니다. 이처럼 짧은 시간을 해도 공부를 잘하는 '공부의 효율성' 문제에서 빠뜨릴 수 없는 주제가 바로 집중력입니다.

집중력은 마음이나 주의를 집중할 수 있는 힘입니다. 집중력은 개인의 마음과 정신의 작용이기 때문에 약이나 책상, 음식 등을 통해 큰 효과를 보기란 어렵습니다. 사람의 마음과 정신 작용은 그리 단순하지 않거든요. 오히려 집중력을 평가하는 기준인 집중력의 구성 요인을 알고 이 요인들이 향상될 수 있도록 돕는 게 더욱 효과적일 수 있지요.

집중력의 요소는 크게 4가지로 구성되어 있습니다. 첫째, 과제를 끝까지 해낼 수 있느냐와 관련된 **지속 능력**, 둘째, 방해되는 외부 자극을 차단할 수 있느냐와 관련된 **단절 능력**, 셋째, 생각이나 마음을 주어진 과제에 모을 수 있는지와 관련된 **초점 능력**, 넷째, 새로운 과제를 기존 지식에 연결하여 동화시키거나 조절할 수 있느냐와 관련된 **학습 연계 능력**입니다.

집중력을 평가하는 환경과 조건 또한 매우 중요합니다. 즉 집중력을 평가할 때 아이가 좋아하는 분야가 아닌 생소한 분야에서 평가를 해도 같은 결과가 나와야 정말 집중력이 높다고 할 수 있어요. 예를 들어 할머니들이 TV를 보는 손자를 보고 "우리 애는 집중력이 정말 높아. TV를 볼 땐 옆에서 뭘 해도 모른다니까"라고 합니다. 하지만 정말 집중력이 높은지를 확인하려면 아이가 관심이 없는 분야에서도 똑같이 행동해야 해요.

많은 엄마들이 유아기까지는 아이의 집중력에 대해 크게 걱정하지 않다가 학교를 보낸 후부터 고민하고 관심을 갖는 이유가 바로 이런 환경의 차이 때문입니다. 유치원에서는 자신이 좋아하는 놀이를 선택해서 노는 자유 놀이가 대부분이기 때문에 크게 집중력에 대해 걱정할 필요가 없었지요. 하지만 학교에 입학한 후에는 자신의 관심 분야와 상관없는 선생님의 말씀에 귀를 기울이고 집중을 해야 하니 집중력에 차이가 날 수밖에 없는 겁니다.

긍정적인 피드백은 아이의 관심을 키워 줘요

집중력의 구성 요인에 관심을 가져야 하는 이유는 집중력이 추상적 개념이면서 매우 복잡한 정신 작용이기 때문입니다. 예를 들어 창의력이라는 추상적 개념을 높이기 위해 우리는 아이들에게 창의력의 구성 요인인 민감성, 유창성, 융통성, 독창성, 정교성을 키워 주기 위해 노력하지요. 마찬가지로 집중력을 좀 더 구체적이고 분절된 요소로 나누어 하나씩 형성할 수 있도록 돕는다면 훨씬 쉽게 아이들의 집중력을 높일 수 있습니다.

먼저 집중력의 첫 번째 요인인 지속 능력을 살펴보지요. 어떤 과제를 끝까지 해내느냐와 관련된 지속 능력을 키우기 위해서는 무엇보다 엄마의 칭찬이 가장 중요합니다. 예를 들어 구구단을 외울 때 4단까지 외운 아이에게 "아직도 4단까지밖에 안 외웠어?"라고 하기보다 "4단까지나 외웠어?"라는 긍정적 피드백이 훨씬 효과적이에요. 만약 영혼 없이 말로만 하는 칭찬이라면 엄마의 칭찬은 앞으로 어떤 상황에서도 크게 효과가 없을 테니 주의해야 합니다.

이왕 칭찬을 잘하고 싶다면 칭찬의 단계를 조금씩 늘려 가는 센스를 발휘하는 게 좋습니다. 예를 들어 그림을 자랑하러 온 아이에게 "잘 그렸어"라고 한 번에 칭찬을 끝내기보다 1단계 "와, 멋진 바다를 그렸구나", 2단계 "바다에 고래랑 문어가 살아 있는 것 같다", 3단계 "저녁에 아빠한테 보여 주면 좋아하겠다", 4단계 "왜 이런 그림을 그릴 생각을 했어?" 등으로 칭찬을 하는 거예요.

전체에서 부분으로, 현재 느낌에서 앞으로 나아갈 방향이나 계속 동기가 생기게 하는 칭찬으로 단계를 나누어 칭찬할 경우 아이는 그 행동을 계속할 가능성이 매우 높습니다. 더불어 어린 유아의 경우 어렵고 관심이 없는 주제보다 재미있는 것, 자신이 좋아하는 것을 끝까지 성취해 보도록 기회를 제공하는 것이 지속 능력을 키우는 데 훨씬 도움이 된다는 점도 잊지 마세요.

집중력의 두 번째 요인으로 단절 능력에 대해 알아볼게요. 예를 들어 공부를 하다가도 "엄마! 오늘 저녁 카레야?", "누가 왔나?" 하며 자주 방에서 나오거나 "선생님! 저기 고양이 지나가요"라며 외부 자극에 시각, 청각, 후각을 뺏기고 바로 행동으로 옮기는 아이들이 있지요. 바로 단절 능력이 부족한 아이들입니다.

단절 능력은 자신의 감각과 신체를 스스로 조절할 수 있느냐와 관련된 것이라 할 수 있어요. 예를 들어 하기 싫은 장난감 정리도 스스로 해 보는 것, 음식점이나 은행 같은 공공장소에서 돌아다니지 않는 것, 사고 싶은 장난감을 내려놓는 것 등은 아이의 조절 능력 형성을 위한 연습들입니다. 이런 조절 능력이 조금씩 형성된 아이는 공부를 하다가 갑자기 외부 자극이 오더라도 "아! 지금은 공부 시간이지" 하며 상황을 파악하고 행동을 조절할 수 있습니다. 따라서 엄마는 아이의 공부 습관을 잡아 주기 전, 생활 속에서 작은 것이라도 상황을 파악하고 자기 자신을 조절할 수 있도록 아이에게 연습의 기회를 제공해야 해요.

집중력의 세 번째 요인은 초점 능력입니다. 어떤 과제에 완전히 빠져 몰입하는 것은 인간만이 가지고 있는 본능적 호기심의 발현이면서 누구나 꿈꾸는 자유이자 행복의 시작이지요. 그래서 우리는 한 분야에 수십 년 동안 몰입해서 한 단계, 한 단계를 성취해 나가는 아티스트나 전문 분야의 사람들을 보며 '자유로워 보인다, 행복해 보인다, 멋지다'라고 평가합니다. 인간은 누구나 몰입의 순간 솟아나는 희열을 경험했을 때 온전히 자신이 살아 있음을 느끼고 삶에 대한 진정한 동기가 생기거든요. 반대로 뭔가에 몰입하지 못하고 어떤 것에도 재미를 느끼지 못하면 삶에 대한 희망과 가치를 느끼지 못하지요.

몰입은 인간이 가지고 있는 본능적 호기심만 잘 발현하면 누구나 경험할 수 있기 때문에 다른 집중력 요인보다 좀 더 쉽게 형성할 수 있습니다. 다만 아이가 뭔가 호기심을 가지고 오랜 시간 몰입하려고 할 때 부모가 방해하지 않는다면 말이에요. 예를 들어 매일 지렁이만 들여다보는 아이에게 "엄마는 지렁이 싫어해"라며 부정적 반응을 보이거나 오랜 시간 레고 만들기에 빠져 있는 아이에게 "이젠 레고 그만할 때도 되지 않았어?"라고 한다면, 아이의 초점 능력은 향상되지 못할 겁니다.

마지막은 새로운 과제를 기존 지식에 연결하거나 활용할 수 있는 학습 연계 능력입니다. 아이들 중에는 한번 배운 지식을 금방 기억하고 생활 속에서 활용하거나 궁금한 것은 반드시 질문해야 하는 아이가 있지요. 바로 학습 연계 능력이 뛰어난 경우예요.

이런 아이는 새로운 지식이 들어오면 자신의 머릿속에서 아는 것과 모르는 것을 순간적으로 구분합니다. 그리고 아는 것은 기존의 지식 캐비닛에 동화시키고 모르는 지식은 기존에 아는 지식과 공통점, 차이점을 찾아 작은 캐비닛에 포함시켜 넣거나 새로운 캐비닛을 만드는 등의 조절을 하지요. 머릿속 캐비닛을 잘 정리하면 금방 기억하는 효과가 있을 뿐만 아니라 많은 양의 지식을 소화할 수 있고 언제 어디서든 금방 꺼내 쓸 수 있기 때문에 매우 효율적입니다.

학습 연계 능력은 후천적 노력과 경험을 통해 키울 수 있는 능력이라 옆에서 도와줄 필요가 있어요. 특히 학습 연계 능력이 이뤄지는 과정이 사람 간 대화를 하는 과정과 매우 흡사하다는 점에 주목하세요. 예를 들어 대화도 학습 연계 능력도 잘 들어야 하는 경청의 과정이 필요하고 공감하거나 조율하는 과정이 이뤄지거든요. 따라서 하루하루 나누는 대화에서 아이의 말을 잘 듣고 자신의 생각과 연결해서 대화를 나누거나 조율하는 모델링을 해 줄 필요가 있습니다. 아이의 집중력! 우리 엄마들의 작은 노력으로 키워 줄 수 있겠지요?

아이 마음 짓기 14

휴대폰을 끄고 아이와 함께하는 시간을 가지세요

아이와의 휴대폰 전쟁, 언제까지 해야 할까요?

엄마들이 답답해하는 것 중에 도저히 풀리지 않는 의문이 하나 있습니다.

"예전에 우리 엄마는 저를 이렇게까지 신경 써서 열심히 안 키웠는데 그래도 잘 컸거든요. 요즘 애들은 저도 그렇고 젊은 엄마들이 예전보다 더 열심히 신경 써서 키우는데 애들이 예전만큼 순수하지도 않고, 잘 기다리지도 못하고 이기적이고…. 이상한 애들이 많은 것 같아요. 왜 그럴까요?"

정말 그렇습니다. 안타깝게도 요즘은 예전만큼 아이답거나 순수하지 않은 모습의 아이들이 많은 것 같아요. 정말 왜 그런 걸까요? 요즘 아이들의 성장 환경은 크게 2가지 면에서 예전과 다른 듯합니다. 바로 영상 매체의 노출과 과도한 기대예요.

몇몇 엄마 중에는 영상 매체가 아이에게 좋지 않다는 것을 알고 아예 집에 TV를 설치하지 않는 분들도 있지요. 휴대폰도 보여주지 않으려고 정말 많은 노력을 하는 분들이 있습니다. 하지만 일상생활에서 그러기가 쉽지 않지요.

"1시간 정도야 괜찮겠지. 나도 이맘때 만화 엄청 많이 보고 자랐는데."

"엄마도 밥 먹을 시간은 있어야지."

"식당에서 다른 사람들한테 피해 주는 것보단 그래도 낫지 않나?"

"쓰레기 버리고 오는 사이 겨우 하나 보는 건데, 뭐."

"내용도 아이들한테 유익하고 교육용이니까 괜찮겠지."

"동화 보고 동요 듣는 게 나쁜 건 아니지 않나?"

"요즘 휴대폰 가지고 놀지 않는 애들이 어디 있어?"

"어차피 쓸 휴대폰 미리 본다고 뭐가 다르겠어?"

어느 날 큰아이 때문에 상담을 받으러 온 엄마가 18개월 된 동생을 데리고 상담실을 찾았습니다. 상담을 시작할 때부터 엄마는 자연스럽게 휴대폰을 꺼내 둘째 아이 손에 쥐어 줬어요. 18개월 된 영아가 유튜브 앱에서 자신이 좋아하는 영상을 찾아 클릭하는 모습을 보고 정말 깜짝 놀랐던 적이 있습니다.

아이들이 어떻게 휴대폰 중독에 빠지는지 그 과정을 들여다볼까요. 휴대폰에 대한 아이의 관심은 가정 내 분위기에서 시작됩니다. 부모가 아무리 "휴대폰은 나쁜 거야. 안 돼"라고 가르쳐도 큰 도움이 되지 않아요. 부모가 심심할 때마다 휴대폰을 본다면 아이는 '저게 뭔데 엄마가 저렇게 자주 들여다볼까?' 궁금해지기 시작하지요. 그러다 화장실에 갈 때 아이에게 휴대폰을 쥐어 주면 엄마의 의도와 달리 동영상은 그 짧은 시간 동안 아이의 눈과 마음을 충분히 끌어모을 수 있습니다.

동영상은 아이의 집중 시간, 흥밋거리 등을 모두 계산해서 제작됩니다. 아이의 관심과 흥미를 끌기에 충분히 재미있는 캐릭터, 빠른 움직임, 강렬한 시각 및 청각 자극, 귀에 쏙쏙 들리는 전문 성우의 언어로 말이에요. 아이의 감정 기억 속에 휴대폰=재미있음으로 이미지를 각인시키지요.

영상을 오래 본 아이는 발달 지연이 될 수 있어요

어린 시기에 영상을 자주 보는 것이 왜 문제가 될까요? 아이의 발달 지연 문제로 상담센터에 전화한 엄마들에게 제가 꼭 묻는 질문이 있습니다. 영상을 언제부터 보기 시작했느냐, 하루 몇 시간 정도 보느냐, 기간이 얼마나 되었느냐고요. 엄마들의 80~90퍼센트가 이른 시기부터 영상을 보여 줬다고 답합니다. 제 경험상 아이가 빨리, 많이, 오래 영상 매체를 접하면 확실히 발달에 부정적 영향을 받습니다.

우석이는 1남 1녀의 둘째입니다. 엄마는 일곱 살 차이가 나는 누나의 공부를 챙기느라 우석이를 많이 신경 쓰지 못했어요. 누나가 공부하는 사이 TV를 틀어 주거나 짧은 교육용 영상을 자주 보여 주었지요. 어느 날 너무 많이 보는 것 같아 못 보게 했더니 우석이는 뒤로 구르기, 자해하기, 엄마 때리기, 던지기 등의 공격적인 모습을 보였고 결국 1년 6개월의 발달 지연이 있다고 진단을 받았습니다.

초기 언어 발달의 적기인 0~3세 때 영상 매체에 노출되는 것은 언어의 가장 기본인 상호작용 기능에 문제를 일으킵니다. 영상 매체는 청자와 화자의 주고받는 상호작용이 아닌 주로 일방향의 전달식 언어거든요. 기계는 감정이나 상황과 상관없이 기계가 하고 싶은 말만 하잖아요. 어릴 때부터 사람과 소통하지 않고 기계와 친해진 아이는 타인과 눈 맞춤이나 상대의 표정 및 감정 읽기, 의도 파악하기 등 비언어 의사소통을 잘 해석하지 못해요. 그래서 영상 매체를 많이 본 아이들은 타인과의 상호작용이 잘 이뤄지지 않는 것이 가장 큰 문제입니다.

하진이는 만 1세 때부터 영어 비디오를 하루 2~3시간씩 봤습니다. 할머니는 red, yellow, car, rainbow 등을 영어로 말하는 하진이를 너무 기특해 하셨지요. 이후 36개월이 되어 어린이집을 다니기 시작한 하진이는 친구들과 어울리지 못하고 대부분 책상 밑에 들어가 있거나 혼자 교실을 빙빙 도는 등 문제 행동을 보이기 시작했습니다.

영상 매체의 재미에 빠진 아이들은 사람과의 놀이가 재미없어진다는 게 큰 문제입니다. 사람과 놀이를 한다는 것은 기다리고 순서를 지키고 협동하고 나누고 양보해야 하는 인내의 순간들이 참 많아요. 놀이에 즐겁게 참여하기 위해서는 다른 사람의 이야기를 경청해야 하고 상대의 상황과 감정을 인식하며 자신의 생각과 조율을 해야 하기도 합니다.

그런데 영상 매체를 오래 본 아이들은 1초 단위로 재미 요소를 찾아서 먹여 주는 방식에 익숙해져 있어요. 그래서 밋밋하고 재미없는 것을 견디지 못하고 스스로 놀이를 찾아 주도적으로 노는 데 어려움이 있습니다. 또래와의 관계에서 타협하기, 협동하기, 조율하기 등을 힘들어 하지요.

예전에 엄마가 어릴 때는 식구들이 외식을 해야 한다면 어른이 돌아가며 아이를 돌보거나 아이가 좋아할 만한 장난감을 챙겨 가곤 했습니다. 그리고 기계가 아닌 사람과의 놀이를 통해 타협하고 협동하면서 놀았지요.

잠깐의 방심과 순간의 편안함, '설마 내 아이는 아니겠지' 하는 안일함 때문에 아이의 성장을 방해하는 행동과 타협을 해서는 안 돼요. "2개만 보고 끄자"라는 엄마 말을 지킬 거라 기대하지 않았으면 좋겠습니다. 한두 번은 가능해도 시간이 지날수록 되지 않거든요. "알았어. 그럼 1시간만 봐", "이거 보면서 잠깐 기다려" 등 엄마 스스로 허락한 행동이 내 아이를 참지 못하는 아이로 만들 수 있어요. 밋밋한 공부는 견디지 못하고 집중하지 못하는 아이, 타인과 조율이 어려운 아이로 만들 수 있다는 사실을 꼭 기억하시기 바랍니다.

육아 꿀팁

영상 매체, 언제부터 허락해도 될까요?

전문가들은 생후 24개월 전까지는 영상 매체를 전혀 보여 주지 말아야 한다고 말합니다. 24개월 이후부터 취학 전까지는 이동하면서 볼 수 있는 휴대폰이나 아이패드 등은 사용하지 않는 것이 좋다고 해요. 단 TV처럼 정해진 장소에서 볼 수 있는 매체의 경우 일정 시간을 정해 놓고 바로 끌 수 있도록 지도하라고 조언하지요.

이미 아이가 휴대폰에 중독된 것 같다면?

① 아이를 있는 그대로 인정하는 자세가 필요합니다.

- 부모가 함께 게임에 참여하여 소통의 기회로 삼아 보세요.
- 부모와의 놀이를 즐거워하도록 만드는 것이 중요합니다. 보드게임, 여행 등 다른 놀이 경험으로 확장해 보세요.

② 게임만큼 성취감이 들 수 있는 다른 자극을 찾도록 도와주세요.

- 아이가 게임에 빠지는 이유도 게임 속 세상에서 인정받는 기쁨을 경험하기 때문이라는 점을 잊지 마세요. 작은 것이라도 도전하고 성공하면 충분한 보상과 격려를 해주세요.

③ 게임하는 총 시간을 나누어 보세요.

- 하루에 3시간 게임을 한다면 30분씩 6번으로 나누어 하도록 하세요. 이를 통해 스스로 시작과 끝을 통제하는 연습을 하게 해주세요.

아이 마음 짓기 15

아이의 행복을 바란다면 현재를 기준으로 말해 주세요

아이가 행복해질 수 있는
조건은 무엇일까요?

앞서 예전과 다른 아이들의 성장 환경 중 영상 매체에 과도하게 노출되는 것과 영상 매체를 접하는 연령이 낮아진 것에 관해 생각해 봤다면, 이번에는 요즘 아이들이 예전과 다른 모습을 보이는 두 번째 이유인 '과도한 기대'에 대해 이야기해 볼게요.

수찬 엄마: 전 아이가 공부를 잘하기보다 행복했으면 좋겠어요.

은호 엄마: 자기가 하고 싶은 거 하면서 살기를 바라요.

지율 엄마: 아이에게 크게 바라는 건 없고, 제가 자존감이 낮은 편이라

아이는 자존감이 높은 아이로 자랐으면 좋겠어요.

20~30년 전만 하더라도 많은 엄마들이 자녀에게 "너는 판검사가 되어야 한다", "꼭 의사가 되어서 엄마 아플 때 치료해 줘야 한다"라는 말을 자주 했습니다. 상담을 해 보면 분명 요즘 엄마들은 예전처럼 노골적으로 아이에게 큰 기대를 하거나 부담을 주지는 않는 듯합니다. 하지만 자세히 들여다보면 그것은 피상적인 말뿐인 경우가 많아요. 아이의 행복과 아이가 원하는 삶을 지원하는 듯 보이지만 사실은 상당수 많은 엄마들이 말과 기대가 다른 모습을 보이지요.

"행복은 그냥 주어지는 게 아니야. 노력해야 얻을 수 있어."

"피아노를 칠 줄 알면 나중에 커서 음악을 즐기며 살 수 있어."

"친구랑 노는 거, 대학 가서 놀면 더 재밌게 놀 수 있어."

"남자는 운동을 좀 할 줄 알아야 사회에 나가서 잘 어울려."

먼저 사회를 살아 본 엄마의 말이 다 맞는 말인지도 모릅니다. 그러나 제가 여기서 하고 싶은 말은 엄마 말이 맞다 틀리다의 논의가 아니에요. 요즘 엄마들이 아이에게 갖는 기대가 적지 않다는 이야기를 하려는 거예요. 겉으로는 큰 기대 없이 아이의 행복을 바라는 듯 보이지만 사실은 그렇지 않아요.

아이의 행복을 바란다는 요즘 엄마 말의 기준은 대체적으로 현재의 행복이 아니라 미래의 행복인 경우가 많거든요. 여기에 따르면 현재 아이의 삶은 미래의 행복으로 가기 위한 준비 과정일 뿐입니다. 행복의 조건을 갖추기 위한 긴 여정이지요. 행복의 조건을 하나씩 갖춰 나가야 하는 아이들의 하루하루 삶은 버겁고 부담스럽고 힘든 경우가 많아요. 대부분 지금 이 순간이 행복하지는 않지요.

어쩌면 누구도 예상하기 어려운 미래 사회에서 행복할 조건을 갖추기란 예전의 기대보다 훨씬 더 힘들고 부담스러운지도 모릅니다. 예전에는 공부만 잘하면 훌륭한 사람이 될 수 있었거든요. 판검사, 의사, 교수가 되면 잘살 거라는 확신이라도 있었습니다. 하지만 미래 사회는 그렇지 않잖아요. 공부는 혹시 모르니 기본으로 해놓아야 하고 음악도 즐길 줄 알아야 합니다. 운동도 잘해야 하고 사회성도 좋아야 하지요. 리더십도 갖춰야 하고 그림도 좀 그릴 줄 알면 훨씬 풍요로운 삶을 살 수 있을 것 같습니다. 준비해야 할 행복의 조건이 정말 너무 많지요.

어떤 엄마는 이렇게 말하기도 합니다.

“저는 애가 좋다는 것만 시켜요. 싫으면 안 해도 된다고 하는데, 영어도 발레도 보드게임도 놀이수학도 인라인도 중국어도 다 자기가 하고 싶대요. 좋다는데 어쩌겠어요. 보내야지요.”

예전에 SBS의 「영재발굴단」이라는 프로그램에서 비슷한 경우를 본 적이 있습니다. 학원을 주중에만 11개를 다니는 8세 아동, 12개를 다니는 10세 아동에 대한 사연이 방송에 나왔지요. 학원에 집착하는 아이들이 힘들어하면서도 왜 학원을 끊지 못하는지 그 속마음을 이야기하는데 눈물이 왈칵 쏟아지더라고요.

"학원을 그만 다니면 엄마가 '지금까지 내가 왜 돈을 썼지?' 하며 속상해 할 것 같다."

"지금까지 해온 게 와르르 무너질 것 같다."

"학원을 안 다니면 엄마랑 할 얘기가 없을 것 같다."

아이들의 내면에는 경쟁에 대한 불안과 억지로 참고 견디는 마음이 자리 잡고 있었지요. 아이들은 지금 배우는 게 좋아서, 지금 행복해서가 아니라 엄마에게 실망을 주고 싶지 않아서 참고 있었던 겁니다.

미래보다 현재의 행복을 소중하게 여겨 주세요

행복도 습관이에요. 현재 행복한 사람이 미래에도 행복할 수 있습니다. 행복의 관성 법칙이라는 말, 들어 보셨나요? 영국의 물리학자 뉴턴의 운동 법칙 중 제1 법칙인 관성의 법칙을 인간이 추구하는 행복과 관련시켜 한 말이지요. 물리학에서 관성의 법칙이란 '모든 물체는 외부에서 물리적인 힘이 가해지지 않을 경우 현재의 상태를 그대로 유지하려고 한다'는 것입니다. 행복의 관성 법칙은 현재 행복을 경험하고 느낀 사람이 행복의 상태를 그대로 유지하려고 한다는 거예요.

이것은 생물학에서 말하는 '항상성'으로도 설명돼요. 얼음물을 마시든, 뜨거운 물을 마시든 우리 몸의 체온은 섭씨 36.5도를 일정하게 유지하잖아요. 바로 생명체가 지닌 항상성의 원리 때문이지요. 마찬가지로 인간은 누구나 자신이 처한 상태를 그대로 지속하려는 성격을 갖고 있어요. 그래서 행복도 현재 행복을 느끼는 사람이 행복을 일정하게 유지할 수가 있습니다.

인간이 추구하는 삶의 목표를 행복이라고 봤을 때 '행복이란 무엇인가?'를 정의하는 것은 참 중요한 일입니다. 그러나 추상적인 개념의 행복을 정의 내리는 것은 여간 힘든 게 아니에요. 저 또한 행복한 삶을 꿈꾸기 때문에 늘 스스로 '난 행복한가?'에 대해 생각하고 질문해 봅니다. 하지만 그 해답을 찾기란 쉽지 않아요.

어느 날 존경하는 법륜 스님의 강의를 듣는데 "행복이란 불행하지 않은 것이다"라고 말씀하시는 순간 '아, 바로 이거였구나' 하고 번뜩 눈이 뜨였습니다. 현재 큰 고민이 없고 크게 불행하게 느끼지 않는 저는 행복한 사람이었던 거예요. 행복을 찾으려고 그렇게 노력하고 내가 행복한 게 맞을까 불안했던 삶이 이 한마디에 깨끗이 해결되는 느낌이었습니다.

진정으로 자녀가 행복하길 원한다면 자녀가 불행하지 않도록 도와야 해요. 불안하고 걱정이 많고 하기 싫은 걸 참고 해야 하고 억눌러야 한다면 그건 불행한 겁니다. '내 아이가 행복하게 살 수 있을까?' 궁금하다면 현재 아이의 표정을 살펴보세요. 현재 아이가 걱정 없이 행복한 표정이라면 아이는 분명 미래에도 행복할 테니까요.

아이 마음 짓기 16

거짓말한 아이에게 진심의 말을 전해 주세요

아이가 거짓말을 하면 어떻게 고쳐 줘야 할까요?

자녀가 리더십 있는 아이로 자라길 바랐던 엄마에게 어느 날 9세 딸아이가 부반장 선거에 나가고 싶다고 이야기를 했습니다. 엄마는 딸이 부반장 선거에 나가서 연설할 자료를 함께 정리해 주기도 하고 발표 자세 등을 체크해 주기도 하며 열심히 응원했지요.

마침내 선거 날이 되었습니다. 직장에서 일하던 엄마는 안 그래도 선거 결과가 어떻게 나왔는지 궁금하던 차에 딸아이로부터 전화가 걸려 왔습니다. 엄마는 아이의 흥분되고 들뜬 목소리만으로 아이가 무슨 소식을 전할지 알 수 있었지요.

"엄마, 나 부반장 됐어!"

엄마는 일찍 퇴근해서 케이크를 사 갔지요. 그날 저녁 가족 모두 딸아이가 부반장이 된 것을 축하하며 파티를 했습니다. 다음 날 엄마는 학교를 마치고 온 딸에게 부반장이 되어 무슨 일을 했는지, 어떤 일들이 있었는지 물었습니다. 딸은 매우 자랑스러워하며 선생님이 자신만 심부름을 시키고 친구들도 자신의 이름을 많이 불러 줘서 좋았다고 이야기했지요.

그런데 부반장 선거가 있고 3일째 된 날, 엄마는 기가 막힌 사실을 알게 되었습니다. 같은 반 다른 엄마로부터 딸아이가 아닌 다른 아이가 부반장이라는 이야기를 들은 거예요. 너무 당황한 엄마는 여러 가지 방법으로 다시 확인을 했고 딸아이가 했던 말과 행동들이 모두 거짓임을 알게 되었습니다. 엄마는 아이가 너무나 신나 하며 부반장에 뽑혔다고 전화했던 목소리, 가족 모두가 축하 파티를 했던 장면, 다음 날 자랑스럽게 부반장으로서 했던 일들을 이야기하던 아이의 표정 등이 너무나 진실해 보였기 때문에 충격과 배신감이 이루 말할 수 없었습니다.

아이들은 왜 거짓말을 할까요? 그것도 가장 솔직하게 무엇이든 함께 상의해야 할 엄마에게 뻔히 들통날 거짓을 이야기하는 걸까요?

우선 영유아 단계에서의 거짓말은 보통 현실과 가상을 정확히 구별하지 못해 모두 진짜인 것처럼 말해서 나타나는 경우가 많아요. 또 자신이 바라는 바를 꿈과 희망이 아닌 사실로 말함으로써 나타나는 경우도 있지요. 예를 들어 친구가 새로운 장난감을 가져와 자랑하는 것을 보고 “우리 엄마는 마트에 있는 장난감 다 사준다고 했어”라고 이야기하는 경우예요. 이는 발달 과정 중 잠시 나타났다가 인지 발달과 함께 자연스럽게 없어지기 때문에 크게 문제가 되지는 않습니다.

그러나 위 사례의 아이처럼 초등학생 이상의 아동이 지속적으로 거짓말을 할 때는 그 원인을 파악해서 적절히 도움을 줄 필요가 있어요. 초등학교 이상의 아동임에도 불구하고 거짓말을 하는 경우 그 원인은 크게 4가지 정도가 있습니다.

첫째, 내가 말하지 않으면 아무도 모를 것이라 생각하는 자기중심적이고 미성숙한 판단력을 들 수 있어요.

둘째, 곤란한 상황에서 대충 상황을 모면한 후 약속을 지키지 않는 부모의 일관적이지 않은 양육 태도가 영향을 미칠 수 있습니다.

셋째, 거짓말을 할 수밖에 없는 강압적이거나 두려운 환경도 아이가 거짓말을 하도록 유도할 수 있지요.

넷째, 부모의 지나치게 높은 기대입니다. 아이는 자신이 실패하면 부모가 실망할 거라는 두려움 때문에 솔직하게 말할 용기가 나지 않을 수 있습니다.

거짓말한 나쁜 아이가 아닌 실수한 아이예요

우리가 보통 어려운 일이 있을 때 내 옆에서 위로가 되고 힘이 되는 사람이 있으면 그 사람과 예전보다 훨씬 가까워질 수 있는 기회가 되곤 하잖아요. 엄마와 자녀 관계도 그렇습니다. 어떤 큰 사건이 있을 때 엄마가 현명하게 도움을 준다면 자녀와 예전보다 훨씬 더 좋은 관계를 맺을 수 있지요. 엄마와 아이는 사실을 알게 된 날 둘만의 데이트 시간을 가졌어요.

엄마: 오늘 엄마랑 같이 데이트 할까?

딸: 동생이랑 아빠는?

엄마: 오늘은 우리 딸하고만 하고 싶은데?

아이와 즐거운 저녁을 먹고 엄마는 놀이터 그네에 앉아 얘기를 했답니다.

엄마: 우리 딸, 부반장이 되고 싶었어? 매일 부반장인 척하려고 얼마나 힘들었을까? 그런데 이제 그러지 않아도 돼. 엄마 다 알아. 엄마가 실망할까 봐 걱정됐어? 그렇다면 엄마 너무 섭섭한걸? 엄마가 우리 딸이 부반장 되면 좋아하고, 안 되면 안 좋아할 줄 알았어? 엄만 우리 딸이 어떤 모습이든 무조건 좋은데?

충분한 공감 뒤에는 반드시 거짓말의 위험에 대해서도 말해 줘야 합니다.

엄마: 솔직하게 말하는 것은 정말 큰 용기야. 그런데 가끔은 솔직하게 말할 용기가 나지 않을 때도 있지. 그런데 용기가 나지 않아서 계속 거짓말을 반복하면 나중엔 사람들이 널 믿지 않을 거야. 엄만 혹시 엄마가 우리 딸을 믿지 못하는 날이 올까 봐 그게 너무 걱정돼.

아이가 좋은 행동을 하든, 나쁜 행동을 하든 사랑한다는 마음을 표현하는 것은 변함이 없어야 합니다. 아이의 시선과 마음에서 공감한 후 솔직한 엄마의 마음을 전달했을 때 아이가 마음을 열고 행동이 변화한다는 점 잊지 마세요.

아이는 다 자란 것이 아니라 자라 가고 있기 때문에 실수도 할 수 있고 실패도 할 수 있습니다. 시험 성적이 좋지 못할 수도 있고 선생님께 혼이 날 수도 있고 친구들로부터 좋지 못한 평가를 받을 수도 있지요.

아이가 실패를 경험했을 때 부모에게 솔직하게 말하지 못하고 거짓말을 한다면 꼭 뒤를 돌아보세요. 부모로부터 위로받을 수 있을 것이라는 기대감보다 부모가 자신에게 실망하지 않을까 두려움이 크다는 표현이니까요. 이 경우 아이의 거짓말을 어떻게 고칠까에 초점을 맞추기보다 믿을 수 있고 편안한 부모-자녀 관계가 잘 형성되었는지를 먼저 확인해야 합니다.

감정과 마음을 조절하는 아이가 되는 엄마의 말

- 아이가 떼를 쓴다는 것은 자기표현, 자기주장이 시작됐다는 의미예요. 예쁘니까 들어주고, 떼쓰니까 허용해 줘서는 안 돼요. 무서운 태도가 아닌 단호한 태도는 반드시 배우고 연습해야 하는 자세입니다.

- 엄마로서 해야 할 중요한 역할 중 하나가 바로 훈육인데 훈육이 효과적이기 위해서는 올바른 의미와 시기, 기본적인 태도를 잘 알고 적용하는 것이 중요합니다. 훈육이란 아이가 해도 되는 행동과 하지 말아야 하는 행동의 기준을 알고 실천하도록 돕는 것입니다.

- 아이는 자신의 부정적 감정이 어느 정도의 수준인지를 정확히 인식하지 못합니다. 더욱이 적절한 방법으로 해소해 본 연습이 턱없이 부족하지요. 아이가 화를 표현하는 방법에서 성인보다 서툰 이유입니다.

- 엄마는 아이가 감정이 분화되는 유아기부터 자신의 감정을 세밀하게 들여다보고 적절히 표현할 수 있도록 돕는 것이 필요해요. 자기감정을 정확히 인지하는 아이가 타인의 감정도 세밀하게 공감할 뿐만 아니라 자존감이 높다는 것을 꼭 기억하세요.

- 약속은 지켜야 하지만 상황이 달라졌다면 융통성을 발휘할 수 있어야 합니다. 사회성이 높은 아이는 상황과 대상에 따라 다르게 판단하며 다양한 문제 해결 능력을 가지고 융통성을 발휘할 줄 알지요.

- 아이가 잘하든, 못하든 엄마의 사랑을 표현하는 것은 변함없어야 합니다. 아이의 마음에서 공감한 후 솔직한 엄마의 마음을 전달했을 때 아이가 마음을 열고 변화한다는 점을 잊지 마세요.

엄마을 위한 말하기 수업

4

아이의 사회성 발달을 돕는 엄마의 말

아이 마음 짓기 17

아이에게 질문을 했다면 대답을 존중해 주세요

엄마 아빠 중에 누가 더 좋으냐고 물으면 안 되나요?

가끔은 부모가 어린아이와 똑같은 표현 방식으로 대화를 할 때가 있습니다. 예를 들면 동생을 질투하는 큰아이가 "엄마는 동생이 좋아, 내가 좋아?" 하고 질문하듯 주말에 하루 열심히 놀아 준 아빠가 이렇게 묻지요. "우리 딸! 엄마가 좋아, 아빠가 좋아?" 직장을 다녀서 주말밖에는 아이와 놀아 줄 시간이 없는 엄마가 선물도 사 주고 놀이동산도 같이 다녀온 후 물어요. "우리 아들! 할머니가 좋아, 엄마가 좋아?"

보통 부모는 아이가 자신보다 다른 사람을 좋아한다고 생각해서 이런 질문을 합니다. 아빠가 물어본다면 백발백중 아이가 엄마만 좋아한다고 느낄 때예요. 엄마가 물어본다면 아이가 아빠하고 노는 것을 더 선호한다고 느낄 때지요. 나름 그날 열심히 놀아줬거나 뭔가 평소와 다르게 아이 마음에 변화가 생겼을 수도 있을 것 같은 기대감이 들 때 이 질문을 많이 합니다. 선물을 사 줬으니 혹은 하루 열심히 놀아 줬으니 부모도 보상을 받고 싶은 마음이지요.

부모는 재미삼아 한 질문이지만 아이는 심리적 혼란과 죄의식을 느낄 수 있어요. 아이는 엄마와 아빠 중 한 명의 사랑이 아니라 엄마와 아빠 모두의 사랑이 필요하거든요. 자신이 "엄마가 좋아"라고 말하면 아빠가 자신을 싫어할 것 같아요. 반대로 "아빠가 좋아"라고 대답하면 마치 엄마가 자신을 떠날 것 같은 무거운 마음이 듭니다. 자신이 엄마가 더 좋다고 말해서 아빠가 상처를 받을까 봐 걱정과 죄책감이 들기도 하지요.

장난으로 던진 질문이 상처를 줄 수 있어요

물어봐서 대답을 했을 뿐인데 선택받지 못한 부모가 보이는 반응은 아이를 더욱 곤란하고 억울하게 만들 때가 많습니다. 엄마를 선택했더니 아빠가 말합니다. "잘해 줘도 소용없어. 너, 이제 아빠가 다시는 선물 안 사 줘." "이제 아빠 차 안 태워 줄 거야." 할머니를 선택했더니 "너, 이제 엄마가 유치원에 안 데려다줘. 할머니 보고 데리러 오고 데리러 가라고 해"라고 말하는 엄마의 반응은 너무나 당황스럽지요. 궁지에 몰린 아이는 울음을 터뜨릴 수밖에 없습니다.

농담일 뿐인데 아이가 그렇게 심각하게 생각하느냐고요? 그렇습니다. 아이는 성인과 달리 상대적 비교에 대한 심리적 반응이 어른보다 강하거든요. 관계에 대한 신뢰와 안정감을 형성 중인 아이는 늘 버림받을지도 모른다는 불안감을 가지고 있기 때문에 작은 것도 크게 받아들일 수 있어요. 만약 자녀와 너스레를 떨며 농담을 하고 싶다면 조금만 더 기다려 보세요. 청소년쯤 되면 아이의 작은 농담에 엄마가 상처받으니 말 좀 예쁘게 해달라고 부탁하는 날이 올 거예요.

아이의 선택을 인정하고 강요하지 않아요

만약 아이가 엄마인 나는 좋아하지 않고 할머니만 좋아한다고 느껴진다면 아이에게 솔직한 마음을 전달해 보세요. "우리 딸! 할머니가 맛있는 것도 해주고 많이 놀아 주고 해서 할머니가 너무 좋은가 보다. 근데 엄마 조금 서운해. 할머니한테는 할머니가 안아 달라고 안 해도 안아 주고 엄마는 안 해주고…. 엄마는 우리 딸을 너무 사랑하는데 우리 딸이 엄마 마음을 너무 몰라주는 것 같아. 엄마도 우리 딸이 많이 좋아해 주면 좋겠어. 엄마도 더 많이 노력할게." 엄마의 따뜻하고 솔직한 고백은 아이의 마음에 감동을 주기 충분하며 엄마가 느낀 감정이 어땠을지 상대의 기분을 생각해 보도록 하는 데 큰 도움이 될 거예요.

다른 사람과 함께 살아가기 위한 가장 기본적인 태도는 상대의 감정을 있는 그대로 이해하고 자신의 감정을 솔직히 말하되 상대에게 자신의 기대를 강압적으로 요구하지 않는 거예요. 아이가 엄마만 좋아하든, 아빠하고만 놀고 싶어 하든 이 상황의 원인 제공자는 부모였을 겁니다. 원인은 부모가 해놓고 아이의 솔직한 감정은 있는 그대로 수용해 주지 않는다면 아이는 타인을 대하는 기본적인 태도에 혼란을 느낄지도 몰라요. 그리고 상황이 마음대로 되지 않을 때, 친구가 자신의 마음을 몰라주고 서운하게 할 때 타인과의 관계에서 억지로 자신의 바람과 기대를 요구할지도 모릅니다. 아이는 부모의 거울이니까요.

엄마도 아이에게 서운한 마음, 속상한 마음이 들 수 있어요. 하지만 그것을 어떻게 표현하고 어떻게 서운한 마음을 해결하느냐에 대해서는 성인의 올바른 모델링이 필요하답니다. 오늘, 지금 이 순간도 노력하는 엄마를 응원할게요.

아이 마음 짓기 18

아이의 센 표현에 덩달아 격한 말로 반응하지 마세요

너무 무서운 표현을 쓰는 아이를 그냥 둬도 될까요?

유치원에 정말 가기 싫어하는 아이가 있습니다. 엄마는 "그래, 가기 싫으면 가지 마라" 하고 5세까지 집에 데리고 있었는데 아이는 끝까지 유치원에 가고 싶다는 말을 하지 않았어요. 6세가 되어 이제 2년 후면 학교도 가야 하는데 엄마의 마음은 많이 불안해지기 시작했습니다. 다니는 유치원이 아이에게 안 맞나 싶어 원을 옮겨도 보고 시간을 단축해 보기도 하고 여러 방법을 다 써 봤지만 소용없었어요.

엄마는 이제는 안 되겠다 싶어 울든 말든 떼어 놓고 나와 버리기로 했습니다. 그런데 아이가 "엄마를 칼로 자르고 싶어!"라며 유치원 현관 앞에서 대성통곡을 하는 거예요. 이 말을 들은 엄마는 하루 종일 눈물만 나고 아이를 쳐다보고 싶지도 않고 잠도 오지 않았습니다.

아이들은 간혹 엄마가 상상도 하지 못할 말들로 엄마의 심장을 때리는 경우가 있습니다. 동생이 싫은 아이는 "동생 변기에 갖다 버려", "마트에 팔아 버려"라고 말하기도 하고요. 엄마에게 불만이 많은 아이는 "엄마, 나 스무 살 되면 담배 많이 피워서 일찍 죽을 거야" 같은 끔찍한 말을 하기도 합니다.

이런 말을 들은 엄마는 당황스러운 것은 물론 내가 아이를 잘못 키웠나 불안해지지요. 아이가 어디서 누구한테 배워서 이런 말을 하나 의심도 했다가 소리 지르며 혼도 냈다가 안절부절못합니다. 그런데 엄마의 반응을 본 아이는 다음에는 더 센 말로 엄마에게 더 큰 충격을 주지요. 왜냐하면 엄마를 당황하게 하고 불안하게 해서 관심을 끌고자 한 말인데 엄마가 평소보다 훨씬 큰 반응으로 자신에게 관심을 주니 의도대로 잘된 것이니까요.

아이에게는 엄마의 반응이 긍정적이든 부정적이든 그리 중요하지 않습니다. 단지 엄마의 관심을 자신에게로 끄는 것이 목적이었으므로 이런 충격적인 말이 목적을 달성하기에 매우 적합하다고 생각할 뿐이지요.

부정적인 언어 표현도 아이의 발달적 특성이에요

아이가 왜 이런 무서운 말들을 하는지 이해하기 위해서는 2가지를 기억해야 합니다. 첫째, 아이는 결코 보고 들은 말만 하지 않습니다. 둘째, 센 말은 아이의 발달적 특성입니다.

좀 더 구체적으로 설명해 볼게요. 아이는 자신이 보고 들은 말만 하는 존재가 아니라 응용하고 창의적으로 언어를 구사할 수 있는 창조적 언어 사용자입니다. 예를 들어 3세 아이가 신발에 흙이 묻은 것을 보고 "괴물 신발"이라고 하거나 "넌 크면 뭐가 될래?"라고 묻는 할머니에게 6세 아이가 "김 서방"이라고 대답하는 건 어른들에게 듣거나 본 대답이 아니지요.

만약 더러운 것이 옷이나 신발에 묻었다면 어른은 "지지야. 지지 신발", "더러워. 더러운 신발이니까 만지지 마"라고 했겠지요. 그러나 아이는 '흙이 묻은 것=미운 것 혹은 나쁜 것=괴물'이라는 이미지를 생각해서 스스로 '괴물 신발'이라는 창의적인 언어를 만들어 낸 겁니다. 나중에 무엇이 되고 싶으냐는 질문에 어른은 아이가 경찰 아저씨나 의사와 같은 장래 희망을 말할 것으로 기대했을 거예요. 하지만 아이는 '할머니가 좋아하는 사람, 내가 되고 싶은 사람=김 서방, 아빠'를 연상하면서 어른들이 상상조차 할 수 없는 엉뚱한 대답이 튀어나온 겁니다.

아이들은 재미있고 엉뚱하면서 아이다운 언어 표현도 만들어

낼 수 있지만 부정적이며 무서운 언어 표현도 만들 수 있습니다. 그러니 엄마가 상상도 하지 못할 끔찍한 말들을 할 수 있는 겁니다. 이때 만약 엄마가 "누구한테 배웠어?"라며 남을 탓하면 어떻게 될까요? 아이는 잘못의 원인이 자신에게 있는 것이 아니기 때문에 잘못에 대한 책임을 질 필요가 없어지지요. '다음에는 이런 말을 쓰면 안 되겠다'는 죄의식조차 갖지 않게 됩니다.

아이를 겁주기 위한 말은 도움을 주지 않아요

아이들은 성인과 달리 독특한 발달 특성을 가지고 있습니다. **감정의 세밀한 분화**가 진행 중이거든요. 아이는 아직 자신의 감정이 어느 정도 수준인지를 인지하지 못할 뿐만 아니라 그 정도를 적절한 감정 단어로 표현하는 데 어려움이 있어요. 어느 정도가 1 정도의 부정적 감정이고 어느 정도가 10 정도의 부정적인 감정인지 수준을 비교하기가 어려워요. 그냥 기분이 나쁘면 다 10으로 표현할 수 있습니다. 따라서 '가기 싫은 유치원을 억지로 가라는 엄마=밉고 싫은 감정=화를 표현할 수 있는 제일 센 말=칼로 자른다', '매일 야근으로 늦는 엄마=화가 난 감정=엄마가 싫어하는 제일 센 말=담배 피우다'로 연결해서 엄마에게 자신이 화가 많이 났다는 걸 표현해요.

엄마가 자신이 기대했던 시간보다 늦게 데리러 와서 화가 났을 때는 "엄마를 피 나게 할 거야. 아프게"라고 무서운 말을 하기도 합니다. 이때 엄마가 소리를 지르며 "어디서 엄마를 때린대? 엄마 피 나게 하면 어떻게 되는 줄 알아? 너 경찰 아저씨가 잡아가. 그리고 엄마는 병원에 가야 해서 이제 너 다시는 엄마 못 만나"라고 협박하는 것은 그리 좋은 방법이 아닙니다.

아이가 세게 말하면 차분하고 단호하게 대응하세요

아이가 센 말, 무서운 말, 끔찍한 말을 사용하는 경우는 대부분 화가 났을 때입니다. 엄마는 아이가 감정적으로 화가 나고 불안할 때 함께 화를 내서는 안 되지요. 감정 조절에 어려움이 있는 미성숙한 아이에게 엄마도 같이 소리 지르며 화를 내는 것은 감정 조절 못 하는 모습을 아이에게 그대로 보여 주고 이를 아이가 모델링하도록 유도할 뿐입니다.

아이가 자신이 아는 가장 센 말로 엄청 화가 많이 났음을 표현할 때는 마음을 충분히 알아주는 것이 가장 최우선입니다. 그리고 아이의 감정과 마음을 충분히 이해했다면 단호한 태도로 잘못된 행동을 '제한'해야 하지요. 제한을 설정하는 건 야단을 치는 것과는 달라요. 아이가 더 이상 잘못된 행동으로 잘못된 사람이 되지 않도록 만드는 일종의 안전망 같은 겁니다. 이때 엄마의 태도는 지나치게 흥분하거나 놀라거나 실망하는 등 당황한 반응을 보이지 않고 낮은 목소리로 차분하게 반응하는 것이 중요합니다. 낮은 목소리로 단호하게 아이의 눈을 보고 이렇게 말해 보세요.

"아들! 엄마가 유치원에 일찍 데리러 오지 않아서 화가 많이 났어? 친구들은 모두 갔는데 혼자 기다리려니 화가 엄청 많이 났구나. 하지만 엄마를 피 나게 한다고 말하니 엄마 마음이 너무 속상한걸. 엄마도 이제 늦지 않고 빨리 오도록 노력해 볼게. 너도 엄마한테 미운 말 하지 않는다고 약속해. 그리고 우리 둘 다 사과하자. 엄마도 늦게 와서 널 화나게 했고 너도 미운 말로 엄마 마음에 상처 줬으니까 둘 다 사과해야지. 엄마가 먼저 할게."

육아
꿀팁

갈등을 해결하는 부모의 모습이 아이의 사회성을 발달시켜요

서로 다른 환경에서 자라 서로 다른 생각을 가지고 있는 사람들이 함께 생활할 때 갈등은 필연적으로 일어날 수밖에 없습니다. 우리 아이들도 앞으로 부모와 형제, 또래와 선생님, 친인척, 주변의 많은 사람들과 관계를 맺으며 수없이 많은 갈등을 경험할 거예요. 억울하게 자신을 나쁘다 말하는 사람이 있을 수도 있고, 의도와 달리 오해를 하는 상황이 생길 수도 있습니다. 그런 일은 없어야겠지만 특별히 잘못을 하지 않아도 괜히 내 아이만 미워하고 왕따시키는 사람이 생길지도 모르지요.

누구나 갈등을 겪지만 이를 어떻게 바라보고 해결하느냐는 사람마다 다릅니다. 갈등을 바라보는 관점, 해결 방식의 기준은 특별한 공식이나 이론으로 알게 되기보다 부모의 삶을 통해 직간접적으로 자연스럽게 경험하는 경우가 많지요. 그리고 아이가 자라면서 부모의 해결 방식을 스스로 평가해 보는 시간도 어느 순간 올 겁니다. '우리 아버지는 할아버지와 큰 갈등이 있었지만 잘 이겨 내셨어.' '회사는 부도가 났지만 끝까지 책임지려 하셨던 모습을 난 아직도 기억해.'

부모의 갈등 해결이 아이의 기억 속에 자랑스러움으로 남아 있다면 자녀는 계속 부모를 존경하며 옆에 있을 거예요. 반대로 그렇지 못할 경우 자녀는 점차 부모와 거리를 두고 멀어질 겁니다. 아이는 수많은 갈등 해결을 보고 경험하면서 성장할 것이고 이에 따라 아이의 사회성 수준, 행복지수도 달라질 겁니다.

아이 마음 짓기 19

아이가 이를 때 섣부른 판단의 말은 금물이에요

잘못을 이르는 아이들을 어떻게 중재해야 할까요?

두 자녀 이상을 키우는 엄마의 하루는 온종일 정신이 없습니다. 손과 발이 바쁜 것은 어쩔 수 없다 생각할 수 있지요. 둘째는 안아 달라고 우는데 첫째는 블록이 잘 안 끼워진다고 떼를 쓸 때 엄마의 마음은 혼란스럽기 그지없습니다. 몸은 하나인데 동시에 각기 다른 요구를 할 때 엄마는 몸도 마음도 머리도 바빠질 뿐만 아니라 두 녀석 모두의 욕구를 충족시키지 못할 것 같아 괜스레 미안한 마음까지 듭니다.

그러다 평소에는 조곤조곤 설명하고 타이르던 일까지도 어느 순간에는 한계치에 닿아 자기도 모르게 소리를 지르지요. 그런 날이면 하루 종일 찜찜한 마음으로 지내다가 잠이 든 아이들을 보면서 눈물까지 흘립니다. '나의 욱하는 성질 때문에 아이들이 잘못 크는 건 아닌가' 불안했다가 '이랬다저랬다, 도대체 내가 왜 이러는 걸까. 결혼 전엔 안 그랬는데 지금의 난 내가 아닌 것 같아' 하고 자책감마저 들어요.

엄마의 한계치가 막바지에 닿는 경우는 대체로 두 아이가 싸울 때입니다. 엄마는 두 아이가 서로 부둥켜안고 잠든 모습을 보면 그렇게 사랑스러울 수가 없거든요. 아이들이 사이좋게 놀 땐 엄마 되길 정말 잘했구나 생각합니다. 반대로 둘이 티격태격할 때, 특히 서로의 잘못을 감싸 주기는커녕 서로의 잘못을 이르고 헐뜯을 때 엄마의 인내심은 한계치에 이릅니다.

"엄마! 동생이 정리 안 해요."

"엄마! 형이 자기 마음대로만 해요."

"엄마! 동생이 엄마 휴대폰 만져요."

"엄마! 형이 장난감 안 주고 다 갖고 놀아요."

"엄마! 내가 먼저 가지고 놀았는데 동생이 내 거 뺏어요."

아이들은 왜 이렇게 이르고 싶은 게 많을까요? 개중에는 어린 자녀들끼리 해결할 수 없는 문제라 엄마의 개입과 도움을 필요로

하는 것도 있지만 대부분은 그렇지 않지요. 별것도 아닌 걸로 이르고 서로 안 좋은 점을 헐뜯습니다. "그런 건 안 일러도 돼!" "그 정도는 너희들끼리 해결해 봐." "이르는 건 나쁜 거야." 아무리 말을 해줘도 잠시뿐이고 아이들의 이르기는 하루에도 수십 번, 수백 번씩 반복됩니다.

엄마가 꼭 해결사 역할을 할 필요는 없어요

이르는 아이 말을 해결하기 위해서는 먼저 몇 가지 살펴봐야 할 것이 있습니다.

첫째, 평소 가족 내 분위기입니다. 형제가 갈등을 일으킬 때 엄마가 해결사 역할을 하고 있다면, 자녀의 이르는 말을 듣고 달려가 다른 자녀를 야단치는 것이 반복되었다면 우선 이런 분위기를 바꿔야 합니다.

예를 들어 형이 가지고 놀던 장난감을 동생이 빌려 달라고 했는데 형이 안 빌려줬다고 가정해 볼게요. 나중에 동생이 형의 장난감을 빼앗았고 화가 난 형이 동생을 때렸습니다. 이 경우 보통의 엄마는 거두절미하고 '어떤 상황에서도 때리면 안 된다'는 규칙에 따라 형을 야단칩니다. 그리고 "싸울 거면 둘 다 가지고 놀지 마"로 상황을 마무리하지요.

이렇게 되면 형은 동생 때문에 자신이 야단을 맞은 것 같아 화가 나고 동생은 형 때문에 장난감을 가지고 놀지 못한 것 같아 화가 납니다. 또 문제가 생길 때마다 누가 잘못을 했는지 재판을 해 주는 판사 역할, 해결사 역할을 한 엄마에게 달려갑니다. 왜냐하면 야단을 맞은 아이는 패자가 되었기 때문에 다음번에는 자신이 꼭 엄마의 재판에서 승자가 되겠다는 다짐을 하거든요. 그러니 언제든 다른 형제가 잘못하기만을 기다렸다가 엄마에게 이르는 일이 반복되는 겁니다.

형제 갈등이 일어날 경우 엄마가 해결사 역할을 해서는 안 됩니다. 서로의 입장을 진지하게 들어 줘야 해요. 이때 엄마는 아이들이 자기중심적인 행동을 보일 때 다른 형제의 마음이 어떨지를 생각해 볼 수 있도록 입장을 정리해 줘야 합니다.

동생: 엄마, 형이 내 머리 때렸어요!

엄마: 어디 봐. 괜찮아? (우선 동생의 다친 곳을 살펴보고 놀던 장소로 가서) 형이 먼저 얘기해 볼래? 무슨 상황이야?

형: 동생이 이거 달라고 해서 내가 안 된다고 했는데 그냥 가져갔어요.

엄마: 동생이 빌려 달라고 했는데 왜 안 된다고 했어?

형: 포크레인으로 해야 집을 지을 수 있는데 아니면 집을 지을 수 없어서요.

엄마: 그럼 이 포크레인 공사는 언제 끝나는 거야?

형: 집 다 짓고 나면요.

엄마: 아, 집 다 짓고 나면 동생 빌려줄 수 있는데 동생이 기다리지 않고 그냥 빼앗아 간 거구나? 그럼 이제 동생이 얘기해 볼까? 왜 형 거 그냥 가져갔어?

동생: 빌려 달라고 했는데 안 빌려줘서요.

엄마: 형이 안 빌려줘서 속상해서 그냥 가져왔어?

동생: 네.

엄마: 빌려 달라고 했는데 안 빌려주면 어떻게 해야 하지?

동생: 기다려요.

엄마: 그래. 형이 기다리면 주려고 했대. 그런데 안 기다리고 가져가서 형도 속상했나 봐. 그럼 어떻게 할까? 계속 둘 다 속상해서 있을 거야, 아니면 화해하고 같이 다시 놀 거야?

형, 동생: 다시 놀 거예요.

엄마: 그래, 그럼 둘 다 미안한 게 있지? 서로 사과해.

형: 내가 때려서 미안해. 그리고 이거 나 다 썼어.

동생: 고마워. 내가 그냥 가져가서 미안해.

형제 갈등에서 잊지 말아야 할 부분은 누가 더 잘못했느냐 덜 잘못했느냐가 아니라 **가족의 의미**입니다. 가족은 서로의 마음을 살펴야 하고 슬플 땐 같이 위로해야 하며 삐져 있을 땐 화를 풀어

줘야 하지요. 한 자녀가 속상해서 울고 있거나 삐져 있는데 잘못에 대한 벌이라며 엄마가 한 자녀와만 놀이를 하거나 화가 나 있는 자녀를 무시하는 행동 등은 절대 해서는 안 됩니다.

아이들의 기질과 차이를 유심히 살펴보세요

자녀 중 누군가 유독 형제의 잘못을 자주 이르고 있다면 아이의 **기질적 특성**을 이해할 필요가 있습니다. 특히 기질적으로 순한 아이는 무엇보다 규칙 준수를 중요하게 생각하고 인정받고 싶은 욕구가 강해요. 만약 동생이 규칙을 중요하게 생각하지 않고 지키지 않는다면 순한 기질의 큰아이는 매우 불만스럽고 불안하게 느낄 수 있습니다. 순한 아이의 이르기 행동 안에는 '규칙은 지켜야 하는 것인데 동생이 규칙을 안 지켜서 걱정이다', '나는 정리를 잘했으니 칭찬을 받고 싶다'라는 마음이 들어 있는 겁니다.

이 경우 엄마는 순한 기질의 큰아이에게 권한을 주어 동생을 잘 가르칠 수 있도록 하는 것이 좋습니다. "동생이 정리를 하지 않아 걱정이구나? 네가 동생한테 정리가 왜 중요한지와 방법을 잘 가르쳐 줘. 언니가 먼저 정리하는 거 보여 주면 동생도 따라 할 거야"라고 이야기하며 '언니의 정리 가르치기'를 응원해 주는 거예요. 그러면 동생도 엄마가 언니를 격려하는 모습을 보면서 자신도 칭찬을 받고자 정리에 참여할 겁니다.

아이와의 일대일 관계를 안정적으로 유지하세요

평소 엄마가 언제 형제의 놀이에 관심을 가져 주는지도 굉장히 중요합니다. 보통의 경우 형제가 갈등 없이 잘 놀 때는 엄마가 별로 개입을 하지 않아요. 누군가 이른 후 그때서야 엄마가 개입한다면 아이들은 오랜 기간 즐거운 놀이를 유지하기 어려울 수 있습니다. 따라서 평소 형제가 잘 놀고 있을 때도 관심을 보이며 칭찬과 격려를 통해 즐거운 놀이를 유지할 수 있도록 도와야 합니다. "와, 형이 동생에게 양보도 하면서 잘 놀고 있구나. 동생도 블록 만드는 솜씨가 많이 늘었는데?"라며 긍정적인 분위기를 만들어 보세요. 아이들은 평화롭고 즐거운 놀이를 계속해서 유지하고자 더 양보도 잘하고 마음의 여유를 가지고 놀 겁니다.

무엇보다 엄마–큰아이, 엄마–둘째 아이의 **일대일 관계**가 안정적이어야 해요. 아이는 엄마와 일대일의 관계를 안정적으로 형성했을 때 심리적으로 여유를 갖고 다른 형제자매와도 긍정적인 관계를 맺을 수 있다는 점 잊지 마세요.

아이 마음 짓기 20

친구 사이에서 말하는 법을 알려 주세요

아이에게 또래 친구란 어떤 의미를 가질까요?

유아기 아동에게 친구는 놀이의 대상입니다. 아이에게 놀이는 삶의 의미이자 즐거움이고 의사소통의 통로지요. 아이는 놀이를 통해 자신의 생각과 감정을 표현하고 놀면서 자아를 형성하며 타인과 관계를 맺는 방법을 알아 갑니다.

삶의 전부인 놀이를 함께하는 친구는 아이에게 매우 중요한 의미임이 틀림없습니다. 또래와 어울리지 못하는 아이는 다른 곳에서도 소외감과 외로움을 느끼고 적응하지 못하는 경우가 많아요. 그리고 매사 자신감이 부족한 모습으로 행복해 보이지 않지요.

초등학교에 입학하고 아동기에 접어들면 친구가 갖는 의미는 더욱 강력해지기 마련입니다. 유아기에는 또래로부터 충족되지 못했던 욕구를 엄마나 가족을 통해 대신 충족할 수 있지만 아동기에는 부모와의 관계보다 또래와의 관계가 더 중요해지거든요. 아동기에 친구의 의미는 무엇보다 최우선이 되는 가장 강력한 욕구입니다.

아이는 엄마와는 할 수 없었던 또래와의 문화를 만들고 엄마에게는 털어놓을 수 없었던 비밀과 고민을 친구와 공유하지요. 엄마로부터는 결코 느낄 수 없었던 자유와 이탈, 도전을 친구와 함께 해나가면서 기쁨과 즐거움, 용기와 만족감을 느끼고 부모로부터의 독립을 서서히 준비합니다.

물론 이 모든 것이 가능한 이유는 친구가 있기 때문이에요. 아이에게 친구가 없다는 것은 아이의 성장을 막고 삶 자체를 불행하게 만드는 겁니다. 그러니 아이는 친구를 자신의 곁에서 떠나지 못하도록 안간힘을 쓸 수밖에 없어요.

혼자 될까 두려워서 친구에게 집착할 수 있어요

친구가 꼭 필요한 아이가 '너와 나는 둘도 없는 절친이다'라는 걸 확인받을 수 있는 방법은 무엇이 있을까요? 바로 자신이 곁에 두고 싶은 친구를 다른 친구와 놀지 못하게 하고 그 친구의 행동과 환경을 통제하는 것입니다.

"너 쟤랑 놀지 마. 나랑 놀아."

"너 쟤랑 놀면 나랑 절교다. 이제 아이스크림 안 사 줘."

"쟤는 너 절친이라고 생각 안 해. 쟤는 희진이가 더 좋대."

"너 쟤랑 손잡고 다니지 마. 너 집에 갈 때 쟤랑 가지 마. 나랑 가야 해."

"너 쟤네 집에 가면 이제 우리 집에 못 오게 할 거야."

물론 모든 아이가 친구의 마음과 행동을 억지로 통제하고 자기 마음대로 휘두르려 하는 건 아니에요. 자신이 좋아하는 친구를 곁에 두고 싶은 것은 모든 아이의 기본적인 바람이지요. 하지만 대부분의 아이는 자신의 의견과 마음이 있듯 다른 사람도 자기만의 생각과 마음이 있음을 알고 있기 때문에 함부로 친구에게 명령하고 통제를 하지는 않습니다.

그러나 심리적으로 관계에 대한 불안을 가지고 있거나 자존감이 많이 부족한 아이의 경우 친구에 대한 집착이 매우 심각해질 수 있어요.

부모로부터 형제간 차별을 받은 아이

부모의 통제적인 양육 태도로 감정을 수용받은 경험이 부족한 아이

부모의 이혼으로 가족과 이별을 경험한 아이

맞벌이 가정에서 혼자 외로이 지낸 시간이 많은 아이

부모로부터 온정적이고 민감한 돌봄을 받지 못한 아이

영아 때부터 여러 번 양육자가 바뀌면서 불안정 애착이 형성된 아이

초기 관계 형성이 불안정하고 건강하지 못했던 아이들의 경우 내면에 버림에 대한 불안이 트라우마로 자리 잡습니다. 친구가 떠나면 다시 혼자가 될지도 모른다는 소외감과 외로움에 대한 불안이 깊이 자리 잡기 때문에 자신의 마음을 들어 준 한 친구에게 심한 집착을 하게 되지요. 이런 아이는 자신의 내면에 불안과 상처가 많아 다른 사람의 마음까지 헤아릴 겨를이 없거든요.

새로운 친구들을 사귈 수 있도록 도와주세요

친구에 대한 집착은 자존감과 매우 밀접한 연관이 있어요. 자존감이 높은 아이는 '나는 누구에게나 사랑받는 존재다'라는 **자기안정감**, '나는 무엇이든 잘할 수 있다'는 **자기효능감**, '나는 힘든 일이 생겨도 스스로 문제를 해결하고 극복할 수 있다'는 **자기통제력**이 있지요. 이런 아이는 어느 한 친구가 아니어도 다른 친구들과 새롭게 관계를 맺을 힘을 갖고 있습니다.

그러나 자존감이 낮은 아이는 스스로에 대한 믿음이 부족하고 새로운 적응에 대한 두려움을 가지고 있어 현재의 주어진 관계를 꼭 붙들고 어떻게든 놓지 않으려고 해요.

초등학교 2학년 도원이는 같은 반 수현이를 무척 좋아합니다. 1학년 때도 같은 반이었고 1학년 학기 초부터 친하게 지냈지요. 도원이는 수현이를 둘도 없는 단짝이라고 생각하지만 수현이는 다른 친구들과도 두루두루 사이가 좋은 편입니다. 인기가 많은 수현이에 대한 도원이의 집착은 1학년 말부터 시작되었지요. 도원이는 수현이가 다니는 학원은 무조건 같이 다녀야 하고, 매일 수현이네 집에 놀러 가고 싶어 합니다. 그리고 수현이가 다른 친구랑 노는 모습을 보기라도 하면 화를 내며 싫어하지요.

어느 날 도원이 엄마는 수현이 엄마로부터 전화를 받았습니다. 수현이가 도원이 때문에 며칠째 너무 힘들어 하고 펑펑 운다고요. 도원이 엄마는 도원이에게 말했습니다.

"너도 네 마음이 있듯 수현이도 자기 마음이 있는 거야. 너도 다른 친구랑 놀면 되잖아. 왜 꼭 수현이랑 놀라고 그래! 네가 다른 친구랑 못 놀게 한다고 수현이가 너 때문에 힘들대. 이제 수현이 학원도 다 끊는대! 네가 힘들게 해서."

엄마도 답답해서 하는 말이긴 하지만 한 친구에게 집착하는 아이를 비난하고 야단을 치는 것은 결코 도움이 되지 않아요. 평생 내 편일 것 같은 엄마마저 자신의 마음을 몰라주는 것 같거든요.

이는 더욱더 유일한 내 편=절친, 이것만큼은 놓치고 싶지 않은 간절함을 키웁니다.

자녀가 도원이와 같다면 이렇게 말해 보세요.

"엄마가 봤을 때 우리 딸은 수현이가 다른 친구랑 놀면 놀 친구가 없을까 봐 걱정이 되는 거 같아. 그래서 수현이가 다른 친구랑 놀면 싫은 거지? 하지만 정말 오랫동안 친한 친구가 되려면 친구가 원하는 걸 하도록 해줘야 해. 친구한테 내가 원하는 대로만 하라고 하면 그 친구는 자기 마음이 무시당한 것 같아 속상하고 시키는 대로만 하는 게 답답해지거든. 수현이가 무엇을 원하는 것 같은지 한번 찾아보면 어때?"

만약 아이가 한 친구에게 집착하면서 자기 마음대로 통제하려고 하거나 한 친구를 따돌리면서 다른 친구들을 자신의 편으로 끌기 위해 과한 행동을 한다면 아이의 초기 관계 형성 및 자존감을 꼭 점검해 보세요. 그리고 외로워질까 봐, 혼자될까 봐 걱정하는 아이의 마음을 공감해 주고 바르게 친구를 사귀는 방법을 함께 고민해 주세요.

육아 꿀팁

아이가 한 친구에게 집착한다면, '감정 코칭 4단계 대화법'을 시도해 보세요.

① 1단계 : 아이의 마음 공감하기

"친구가 너 말고 다른 친구랑 노니까 외로워질까 봐 걱정이 되는구나. 엄마도 어릴 적 너처럼 똑같은 생각을 한 적이 있어."

② 2단계 : 아이가 객관적인 상황을 인식하도록 돕기

"그렇다고 친구한테 다른 친구랑은 놀지 말고 나랑 놀라고 할 수는 없어. 그 친구도 다른 친구들이랑 놀고 싶은 마음이 있거든. 다른 사람의 마음을 네가 마음대로 할 수는 없는 거야."

③ 3단계 : 아이와 함께 합리적 대안 찾기

"만약 친구가 다른 친구와 놀고 싶어 할 때는 어떻게 하면 좋을까? 너도 다른 친구와 놀아 보는 건 어때? 아니면 네가 좋아하는 친구랑, 그 친구가 같이 놀고 싶어 하는 친구랑 다 같이 노는 것도 좋을 거 같은데?"

④ 4단계 : 아이의 선택을 존중하기

아이의 선택이 무엇이든 따라 줍니다. 상황과 대상에 따라서 아이의 감정을 존중해 주는 것도 중요해요. 큰 문제가 아니라면 마음의 여유를 갖고 살펴보세요.

아이 마음 짓기 21

인격을 지적하는 말은 미움의 감정을 드러내요

아이는 왜 부모의 약점을 똑같이 닮는 걸까요?

부모와 아이는 얼굴만 봐도 알 수 있을 만큼 닮았지요. 예전에 유치원에서 근무했던 기억이 떠오르네요. 학부모 참관수업을 하는 날 200명 이상의 부모님이 한꺼번에 행사장에 오신 적이 있습니다. 처음 보는 학부모임에도 얼굴을 보는 순간 '아! 어느 반의 누구?' 하며 아이의 얼굴이 떠오르는 경우가 종종 있어 깜짝 놀란 적이 있지요.

외모든, 분위기든, 성격이든 아이는 부모를 닮을 수밖에 없습니다. 물론 100퍼센트 유전은 아니겠지요. 인간이 유전과 환경

2가지 모두에 영향받는다 하더라도 결과는 마찬가지예요. 가장 많은 시간을 함께 보내고 관계적인 영향력이 큰 부모 환경이 아이에게 모델링되고 내면화되는 것은 너무나 당연해요.

여기서 내면화란 단순히 말과 행동을 따라 하는 것을 넘어 부모의 가치관, 신념, 태도 등을 그대로 흡수하는 것을 말합니다. 예를 들어 부모가 화목하면 대부분 아이의 성격은 밝고 명랑하지요. 부모가 자상하면 아이의 마음이 따뜻하고요. 부모가 알뜰하고 절약하면 아이도 소박한 성향을 가지고 있는 것은 바로 이런 이유 때문이지요.

아이가 부모의 좋은 점만 닮는다면 좋을 텐데 현실은 그렇지 않다는 것이 문제입니다. 부모의 약점, 그중에서도 절대 닮지 않았으면 하고 바라던 점을 똑같이 닮은 느낌이 들 때가 있거든요. 이럴 때면 부모는 안타까운 마음을 넘어 어느 순간 화가 나기도 합니다.

제인 엄마: 제가 삐지고 소심한 성격 때문에 친정 엄마한테 많이 혼났거든요. 근데 애가 저랑 똑같아요. 안 그랬으면 좋겠는데 애가 나처럼 클까 봐 걱정이에요.

찬이 엄마: 제가 학창 시절 친구가 많지 않았거든요. 그래서 늘 외롭고 새 학년으로 올라갈 때마다 좋아하는 친구랑 같은 반이 안 되면 어쩌나 늘 불안했지요. 그게 얼마나 힘들고 외로운

지 알기 때문에 아이는 좀 친구를 두루두루 사귀고 사회성이 좋길 바랐는데, 애도 저랑 똑같이 한 친구한테 집착하는 모습을 보면 너무 화가 나요. 결국 자기만 상처받을 거란 걸 저는 알거든요.

감정에는 **1차 감정과 2차 감정**이 있습니다. 1차 감정은 어떤 외부 자극에 몸이 반응한 감정의 본질이에요. 2차 감정은 1차 감정에 따른 반응으로서 밖으로 표출된 감정을 말합니다.

찬이 엄마가 찬이에게 느낀 1차 감정은 안타까움, 안쓰러움, 연민 등일 겁니다. 사랑스런 내 아이가 상처받을까 봐 걱정되고 안쓰러운 거지요. 하지만 2차로 표현된 감정은 1차 감정인 안타까움, 연민 때문에 생긴 감정, 바로 화입니다.

부모 내면의 1차 감정을 보지 못하는 아이는 표출된 2차 감정인 화만을 느끼지요. 엄마의 화내는 모습에 아이는 당황하고 실망할 거예요. 아이는 친구가 자기 곁을 떠날까 봐 불안한 마음을 엄마가 안타깝게 생각해 주고 도움을 주길 바랐거든요. 하지만 오히려 화를 내니 '엄마한테 얘기해 봐야 소용이 없구나', '엄마는 맨날 화만 내는 구나' 하고 오해할 겁니다.

무엇보다 부모의 약점을 닮은 아이의 모습은 부모 자신의 주관적인 생각일 수 있어요. 아이는 아직 부족한 점이 많아서 여러모로 서툴고 실수를 하면서 배우는 과정에 있어요. 그런데 부모의 관점에서는 아이가 배우는 과정보다 부족하고 서툰 행동에 더 마음이 쓰여요. 그렇다고 아이가 부모의 성격과 정반대라면 편할까요? 아이가 부모의 소심한 성격을 닮지 않고 활달한 성격을 가졌다면 부모의 장점인 차분하고 침착한 면이 적어서 누구를 닮아 저리 산만하냐고 말할 수도 있어요.

부모의 단점을 닮았다는 비난의 말은 하지 마세요

부모의 약점을 닮은 아이 중 아빠를 닮은 경우가 있습니다. 만일 아이가 게으른 남편을 닮아 엄마에게 무엇이든 해달라고 한다면, 엄마의 감정이 힘들 때 다음과 같이 **나-메시지 전달법**을 적용해 보세요.

* **1단계 : 현재 상황을 아이가 스스로 볼 수 있도록 유도하기**

  "엄마와 네가 지금 뭘 하고 있는지 좀 보겠니? 엄마는 설거지를 하고 있고, 너는 TV를 보고 있구나."

* **2단계 : 엄마의 감정 표현하기**

  "네가 바쁘지 않은데 엄마에게 시키니까! 엄마가 화나려고 해."

* **3단계 : 엄마의 요구 전달하기**

"네가 바쁘고 도움이 필요할 땐 엄마가 도움을 줄 수 있어. 하지만 지금은 네가 도움이 필요한 상황은 아닌 것 같아. 네가 가져다 먹으렴."

그나마 부부 사이가 좋으면 다행이에요. 부부 사이가 좋지 않은데 남편의 싫은 점이 아이에게도 그대로 보이는 경우가 있어요. 이때 엄마의 감정은 주체할 수 없을 만큼 화가 나고 심지어 아이가 미워 보이기까지 하지요. 그래서 남편에게는 싸움이 될까 봐 하지 못했던 말들을 어린 자녀에게 쏟아부으며 상처를 주는 경우가 있습니다.

여기 이혼을 한 가족이 있습니다. 초등학교 3학년의 딸은 아빠, 할머니와 함께 살고 엄마와는 한 달에 2번 약속한 날에만 만나지요. 이제 조금씩 사춘기가 되어 가는 손녀를 감당하기 어려운 할머니는 말합니다. "참지 못하는 건 제 엄마랑 똑같아. 못 참고 집 나간 거 봐."

엄마와 함께 지내고 싶지만 마음대로 되지 않는 아이는 엄마를 만나는 날이면 아빠와 할머니에 대한 불만을 다 쏟아 내지요. 그럴 때면 엄마는 말합니다. "네 아빠가 원래 그래. 자기 마음에 안 들면 있는 대로 성질내고 사람 무시하고. 세상에서 자기가 제일 잘났지."

아이와 부모는 평생 함께하는 관계입니다

부부가 이혼을 했어도 아이에게는 세상에 둘도 없는 아빠이고 엄마입니다. 이것은 절대 바뀌지도 바꿀 수도 없는 사실이고요. 하물며 아이는 엄마처럼 선택해서 아빠와 관계가 연결된 것도 아닙니다. 자신의 결정으로 관계를 끊을 수도 없는 아이에게 "성격 나쁜 건 제 아빠 닮았다니까", "자긴 가만있으면서 남 괴롭히고 시켜 먹는 거 보면 제 아빠랑 똑같아"라고 비난하는 것은 아이의 행동 수정에도 전혀 도움이 되지 않지요. 단지 원망과 자괴감, 분노만 일으킬 뿐입니다.

한쪽 부모의 성격이나 인격을 비난하는 것은 아이의 존재 자체를 거부하는 것과 같아요. 자녀는 부모의 '사랑의 결실'이라고 하잖아요. 한쪽 부모에 대한 부정은 사랑의 결실인 자신에 대한 비난으로 느껴지기 때문에 상처가 될 수 있음을 잊지 말아야 합니다. 아무리 아이가 큰 잘못을 했다 하더라도 마찬가지예요. 인격이나 성격적인 부분을 비난하는 것은 결코 바람직하지 않습니다. 현재의 상황을 정확히 이해하도록 도우면서 잘못된 행동은 무엇이며 부모의 감정이 어떤지, 올바른 방법은 무엇인지 함께 고민해야 합니다.

아이 마음 짓기 22

친구를 대하는 예의 있는 말을 가르쳐 주세요

아이 친구들을 집에 초대하면 왜 갈등이 생기는 걸까요?

초등학교 2학년인 태희는 아침부터 너무 기분이 좋습니다. 오늘 친구 2명을 집으로 초대했거든요. 오래전부터 집에 친구를 초대하고 싶었는데 시간이 안 맞거나 여러 가지 이유로 미뤄지다가 겨우 성사된 파티라 태희는 지난밤 잠을 설치기도 했습니다. 학교를 마치고 집에 돌아와 친구들과 놀 생각에 태희는 빨리 오후가 되기만을 바라고 있지요. 드디어 친구들이 집에 도착했습니다. 태희는 자기 방의 예쁜 침대를 보여 주고 좋아하는 인형, 보석함, 미술 놀이 재료 등을 모두 꺼내 자랑을 합니다.

"이거 너희 다 갖고 놀아. 근데 망가뜨리면 안 돼. 망가뜨리면 너희가 사 놓고 가야 해."

20분 정도는 재잘재잘 이야기하는 소리와 깔깔깔 웃는 소리가 들렸습니다. 그런데 어느 순간 조용해진 느낌이 엄마는 왠지 마음에 걸립니다. 평소 태희는 친구들과의 사이에서 갈등이 잦은 편이라 이번 초대도 마음먹고 일부러 자리를 마련한 것이거든요. 엄마는 조심스레 태희의 방문에 귀를 대 봅니다.

"야! 넌 이거 가지고 놀아. 넌 이거 하고!"

엄마는 곧 속상한 일이 생길 것을 직감했어요. 동생한테 하는 행동을 친구한테 그대로 하고 있었거든요. 좀 더 가까이 다가가 아이들의 이야기를 들어 본 엄마는 점점 더 불안해지기 시작했어요. 친구들은 따로 미술 놀이를 하고 태희는 혼자 노는 듯했거든요. 잠시 뒤 태희가 큰 소리로 말합니다.

"야! 이거 우리 집에 있는 거니까 다 내 거야. 만지지 마!"

결국 엄마가 예상했던 일이 터지고 말았습니다. 엄마는 이제는 안 될 것 같아 태희를 야단쳐야겠다고 생각했어요. 그런데 하필 그때 친구 중 한 명의 엄마가 태희네 집으로 왔습니다. 마침 당황하고 속상해 있던 친구가 엄마를 보자마자 울음을 터뜨리고 엄마에게 달려갑니다.

저도 어릴 적 친구들을 초대해 집에서 놀았던 기억이 납니다. 엄마가 떡볶이를 해줘서 먹고 이불을 뒤집어쓴 채 뒹굴기도 하고 종이인형 놀이도 같이 하며 뭐가 그리 좋았던지 깔깔깔 웃었던 추억이 아직도 생생합니다.

친구를 집에 초대하거나 친구네 집에 초대받아 함께 노는 경험은 아이에게 특별한 추억을 선사합니다. 선생님이나 부모님의 통제에서 벗어나 약간은 자유로운 기분을 느끼기도 하지요. 다른 친구들의 간섭과 개입, 질투의 시선에서 벗어나 좀 더 끈끈하게 가까워질 수 있는 기회가 되기도 합니다. 무엇보다 친구로부터 초대를 받든, 자신의 초대에 친구들이 응했든 그 파티에 주인공으로 지목되었다는 것 자체가 최고의 기쁨입니다. 보통 학교에서는 친구에게 초대를 많이 받은 순서대로 인기 순위를 매기기도 하니까요. 친구들에게 초대를 받지 못한 아이는 또래에서 소외된 느낌을 받을 수밖에 없습니다.

하지만 현실은 기대와 희망처럼 예쁜 모습으로만 나타나지 않습니다. 초대하는 사람의 기본자세와 태도, 규칙과 예의 등을 미리 숙지하지 않은 채 친구를 초대할 경우 의도와 달리 매우 좋지 못한 상황으로 가기 쉽습니다. 심지어 위 사례처럼 친구의 엄마가 얘기로만 듣던 아이의 잘못된 행동을 눈으로 직접 보게 되면 오히려 관계가 단절되거나 어른들의 갈등으로 연결되는 최악의 상황까지 벌어지기도 하지요.

아이가 친구를 초대할 때도 준비가 필요해요

우리는 보통 누군가를 초대할 때 많은 준비를 합니다. 상대가 좋아하는 음식을 정성껏 준비하기도 하고 상대의 동선을 생각해서 불편하지 않도록 계획을 짜기도 하지요. 아이가 친구를 초대할 때도 약간의 준비가 필요합니다.

만약 아이가 친구를 초대하고 싶어 한다면 우선 엄마는 아이가 초대하는 사람의 기본자세와 태도를 갖추도록 도와줘야 합니다. 예를 들어 자신의 집이라고 친구를 자기 마음대로 통제하려 해서는 안 되지요. 낯선 장소에서 친구가 불편하지 않도록 배려하는 태도가 있어야 합니다.

집이라는 공간은 매우 특별한 장소입니다. 초대한 사람의 입장에서는 가장 편한 곳, 가장 잘 아는 곳, 내 권위가 설 수 있는 매우 만만한 공간이지요. 모든 물건들이 다 내 것이고 어떤 사연이 있는지, 언제 어떻게 사용하는지 무엇이든 설명과 시연이 가능합니다. 반대로 초대받은 사람의 입장에서는 무엇이든 낯설고 긴장되고 조심스럽지요. 만져도 될지, 사용해도 될지 매 순간이 허락을 받아야 할 것 같아요.

공간 자체도 그런데 만약 초대한 아이가 친구를 마음대로 통제하고 지시하려 한다면 초대받은 친구의 기분은 상할 수밖에 없어요. 특히 부모가 통제적인 양육 유형이거나 아이가 평소 또래로부터 인정을 받지 못하는 경우 문제는 심각해지지요. 통제적인 양육 태도를 지닌 부모에게서 자란 아이는 부모의 지시와 지배를 받는 것에 익숙하기 때문에 언제든 누군가를 지배하고 싶어 합니다. 이런 아이에게 집이라는 공간은 자신이 지배하기에 가장 안성맞춤의 장소지요. 그러니 평소 바라던 서열상의 우위, 통제의 본능이 나타나 친구에게 "만져라", "이거 갖고 놀아라", "하지 마라" 등의 지시를 내리는 겁니다.

평소 또래로부터 인정받지 못한 아이도 마찬가지예요. 자신의 말과 행동이 또래로부터 거부당하거나 영향력을 미치지 못하다가 집에서는 자신의 말 하나하나가 친구들의 행동에 영향을 미치게 되니 이만큼 행복한 순간이 없습니다.

아이가 친구를 초대하고 싶어 할 때 두 번째로 준비해야 할 것은 친구에 대한 예의를 미리 숙지하고 규칙으로 정해 지키도록 하는 거예요. 여기서 예의란 자신의 놀잇감을 친구와 나눠 쓸 수 있는 마음의 준비를 의미하지요. 당초 집에 있는 모든 장난감은 집에 사는 아이의 것입니다. 하지만 친구를 초대하는 순간 내 집=함께 지내는 공간이 되고, 내 놀잇감=함께 놀이할 공동의 놀잇감이 되어야 해요.

예를 들어 아이가 집에서 혼자 놀 때는 혼자만의 놀잇감이지만 동생이나 엄마와 함께 놀 때는 공동의 놀잇감이 되어야 즐겁게 놀 수 있잖아요. 이때도 함께 놀 때의 규칙과 예의가 있듯 친구들

초대했을 때도 마찬가지입니다. 자신이 특별히 아끼는 놀잇감이 있어서 나누고 싶지 않은 것은 친구들이 오기 전, 보이지 않는 곳에 두고 친구들이 갈 때까지 꺼내지 않도록 해야 합니다.

부모의 세심한 관찰과 중재가 갈등을 막아요

기초 준비가 갖춰졌다면 친구를 초대해서 생길 수 있는 문제는 반 이상 사라집니다. 하지만 아직 완벽히 잘 놀기를 기대할 수는 없어요. 아이는 자기중심적 사고를 하면서 또래와의 관계에서 다양한 사회적 기술을 가지고 있지 않기 때문에 갈등이 생기는 것은 당연하지요. 아이는 아이들끼리 방에서 놀고 부모는 부모들끼리 거실에서 커피를 마시는 상황이 1시간 이상 지속된다면 누군가 삐지거나 상처받고 먼저 가는 일이 다반사일 겁니다.

집에 친구들을 초대했다면 부모는 안 보는 척하면서도 아이들의 말과 행동을 조심스럽게 관찰해야 해요. 그래서 누군가 속상한 상황이 생겼다면 공감과 위로를, 누군가 친구에게 상처를 주었다면 가볍게 중재를 해야 하지요. 부모의 세심한 관찰과 격려, 중재는 큰 갈등과 사건이 생길 위험을 줄일 수 있습니다.

만약 위 사례처럼 친구들을 초대해 놓고 아이가 친구를 배려하지 않거나 자기 마음대로 친구를 통제하려 할 때 엄마가 다른 친구들이 있는 곳에서 바로 아이를 지적하고 비난하는 것은 그리 바람직하지 않아요. 이 경우에는 조용히 다가가 엄마가 할 얘기가 있다며 아이를 따로 부르는 것이 바람직하지요.

자녀가 친구를 초대해 놓고 민망한 말과 행동을 할 경우 이렇게 말해 보세요. 아이를 따로 불러 단호한 태도로 눈을 보고 이야기합니다.

엄마: 친구들을 초대해서 즐겁게 놀고 있니?

아이: (자신이 친구에게 상처를 주고 있음을 모르는 채) 응, 재미있어.

엄마: 너만 재미있는 걸까, 친구들도 모두 재미있는 걸까?

아이: (반 정도 눈치챈 듯) 친구들도 재미있을걸?

엄마: 엄마가 보기엔 친구들은 재미없을 것 같은데 왜 그럴까?

아이: (가만히 생각한다.)

엄마: 네가 만약 친구 집에 초대를 받아서 갔는데 친구가 "넌 이거 가지고 놀아", "이건 만지지 마"라고 한다면 마음이 어떨까? 엄마가 친구를 초대하려면 준비해야 하는 자세랑 마음이 있다고 했지? 그게 뭐였지?

아이: 친구들이랑 장난감 같이 가지고 놀고 친구를 배려하는 거.

엄마: 그래, 잘 기억하고 있네. 모두 즐겁게 놀기 위해 꼭 지켜야 하는 규칙이야. 만약 너만 즐겁고 다른 친구들은 즐겁지 않은 상황이 또 생기면 엄마는 너무 실망할 것 같아. 그리고 이런 파티는 네

> 가 친구를 초대할 마음의 준비와 자세가 갖춰질 때까지 오랫동안 열지 않을 예정이야. 잘할 수 있겠니?

그리고 어떤 일이 일어났는지, 아이의 의도는 무엇이었고 친구들의 감정이 어떨지 생각해 볼 수 있도록 도와줘야 합니다. 초대하는 사람의 태도와 자세, 예의 등에 대해 다시 한번 이해시키고 만약 지키지 않을 경우 어떤 일이 발생할 것인지 예측하게 하면서 경고를 주는 거예요. 순조롭게 대화가 마무리되었다면 엄마도 다시 밝게 웃어 주고 아이가 친구들과의 놀이에 합류할 수 있게 격려하는 것도 잊지 말아야 합니다.

아이의 사회성 발달을 돕는 엄마의 말

- 아이가 자신이 아는 가장 센 말로 표현할 때는 마음을 충분히 알아주는 것이 최우선입니다. 그리고 아이의 감정과 마음을 충분히 이해했다면 단호한 태도로 잘못된 행동을 '제한'해야 하지요. 지나치게 당황한 반응을 보이지 않고 낮은 목소리로 차분하게 반응하는 것이 중요합니다.

- 형제 갈등이 일어날 경우 엄마가 해결사 역할을 해서는 안 됩니다. 이때 엄마는 아이들이 자기중심적인 행동을 보일 때 다른 형제의 마음이 어떨지 생각해 볼 수 있도록 입장을 정리해 줘야 합니다. 그리고 가족의 의미와 엄마와 아이들 간의 안정적인 일대일 관계가 중요합니다.

- 아이가 친구에게 집착하고 자기 마음대로 통제하거나 친구를 따돌리면서 다른 친구들을 자신의 편으로 만들려고 한다면 아이의 초기 관계 형성 및 자존감을 꼭 점검해 보세요. 그리고 혼자될까 봐 걱정하는 아이의 마음을 공감해 주고 바르게 친구를 사귀는 방법을 함께 고민해 주세요.

- 한쪽 부모의 성격이나 인격을 비난하는 것은 아이의 존재 자체를 거부하는 것과 같아요. 아무리 아이가 큰 잘못을 했다 하더라도 마찬가지예요. 인격이나 성격적인 부분을 비난하는 것은 결코 바람직하지 않습니다.

- 아이가 친구를 집에 초대하고 싶어 한다면 엄마는 아이에게 초대하는 사람의 기본자세와 태도를 알려줘야 합니다. 예컨대 자신의 장난감을 친구와 나눠 쓸 수 있는 마음의 준비를 해야 하지요. 또한 아이의 친구가 집에 왔다면 부모는 아이들의 말과 행동을 조심스럽게 관찰하고, 갈등이 생기면 중재해야 해요.

엄마을 위한 말하기 수업

5

갈등을 잘 해결하는
아이를 위한 엄마의 말

아이 마음 짓기 23

아이가 잘못을 뉘우치도록 진지하게 말하세요

친구를 괴롭힌 아이를 어떻게 벌해야 할까요?

앞서 우리는 아이의 감정 조절을 돕기 위해 진심 어린 공감이 왜 중요한지, 어떻게 하는 것이 진심 어린 공감인지 살펴봤습니다. 이번 장에서는 감정 조절을 돕는 두 번째 방법으로 **감정 조절 모델링**을 살펴보려고 해요.

부모라면 누구나 한 번쯤 고민했을 주제인 '체벌'과 함께 부모의 감정 조절 모델링을 연결 지어 생각해 보고자 합니다. 사실 체벌에 대한 의견은 아직도 다양한 견해 차이가 있는 듯해요. '10번 말하는 것보다 1번 따끔하게 때리는 것이 낫다', '손으로는 안 되고 도구로 손바닥을 때리는 건 괜찮다', '여자아이는 몰라도 남자아이는 맞아야 정신 차린다', '유치원까지는 때리고 초등학교 가서는 때리면 안 된다' 등 체벌에 대한 생각은 찬성과 반대에 대한 의견뿐만 아니라 그 방법과 대상, 시기에 이르기까지 매우 분분하지요.

하지만 인간의 심리와 정서를 다루는 전문가들, 즉 소아정신과 의사나 아동심리 상담사, 놀이치료사 등은 대부분 때리면 안 된다는 쪽으로 의견이 모아진 것 같아요. 전 지금까지 상담을 배우고 경험하면서 아이의 문제행동을 때려서 다룬다는 말은 들은 적도, 본 적도 없거든요.

아이를 키우다 보면 기쁘고 행복할 때도 많지만 속상하고 화나고 불안하고 긴장될 때도 많은 것이 사실이에요. 아이의 나쁜 행동이 집에서만 나타나면 그나마 낫지요. 남을 때린다, 왕따시킨다, 상처 주는 말을 한다 등 남에게 해를 입힌다는 말을 들었을 때 엄마는 하늘이 무너져 내리는 기분을 느낍니다. 열심히 키운다고 키웠고 안 가르친 것도 아니거든요. 남들만큼 한 것 같은데 우리 애는 왜 이러나 세상이 원망스럽기까지 합니다. 더욱 이해가 안 되고 속상한 것은 자신은 때린 적도 없는데 마치 '부모가 때리니 보고 배운 거 아니냐'라는 시선으로 쳐다보는 사람들도 있다는 거예요. 정말 억울하기 그지없습니다.

여기서 꼭 기억해야 할 것이 있어요. 바로 체벌의 의미와 범위예요. "난 때린 적도 없는데"라고 말하는 엄마들의 체벌은 대체적으로 신체적인 가해행위만을 의미하는 경우가 많아요. 하지만 사실 체벌은 신체적 가해뿐만 아니라 언어적·심리적 가해까지 포함하는 행위입니다. 학교 폭력의 범위에서도 때리는 것뿐만 아니라 한 친구를 집중적으로 왕따시키기(심리적 폭력), 언어폭력, 괴롭히기나 협박하기(정신적 폭력) 등을 모두 폭력으로 인정하잖아요? 바로 이런 해석 때문이지요.

엄마가 아이를 신체적으로 아프게 하지 않았어도 나도 모르는 사이 아이는 체벌을 당하고 있는 경우가 많습니다. 예를 들어 생활 속에서 엄마가 갑자기 욱해서 소리 지르는 것, 아이를 비난하고 협박하는 것, 욕하는 것, 한숨을 쉬며 아이를 위축시키는 것 등을 매일 수시로 하는 경우지요. 이는 모두 아이를 언어적·심리적·정신적으로 가해하는 체벌에 해당합니다. 왜냐하면 체벌이든 폭력이든 결국 힘센 자가 약한 자를 강압적인 방법으로 다루는 것을 의미하거든요.

목적이 다른데 어떻게 체벌과 폭력을 같은 의미로 해석하느냐 반문하는 분도 있을 거예요. 체벌은 아이를 바른 행동으로 지도하기 위한 것이고 폭력은 상대를 괴롭히기 위한 것이니 다르지 않느냐고 말할 수 있어요. 하지만 좋은 의도와 목적이라 하더라도 방법이 나쁘다면 결코 온전히 좋은 것이 될 수 없지요. 좋은 의도와 목적뿐만 아니라 방법도 좋아야 정말 좋은 것이 됩니다.

엄마가 먼저 감정 조절을 하는 모습이 중요해요

아이를 지도하기 위해서는 체벌과 폭력을 쓰는 방법이 아니더라도 충분히 좋은 방법이 많습니다. 다음 사례를 살펴볼까요.

7세 지훈이 엄마는 유치원 선생님에게 전화가 오면 겁부터 납니다. 오늘도 유치원 하원 시간에 맞춰 선생님에게 전화가 왔지요. 아니나 다를까, 오늘도 친구를 때리고 넘어뜨리고 친구의 작품을 망가뜨렸다고 해요. 타일러도 보고 혼도 내 봤지만 오늘은 정말이지 더 이상 참을 수가 없습니다.

엄마: (지훈이가 집에 오자마자 팔을 잡아끌어 소파에 앉히고는) 너 이리 와 봐. 너 오늘 친구 때렸어, 안 때렸어!

지훈: 그게 아니라, 내가 먼저 할라고 했는데 친구가….

엄마: 때리지 말고 말로 하라고 했지! (자기도 모르게 손이 올라가며) 너도 얼마나 아픈지 한번 맞아 봐. (꿀밤을 세게 쥐어박으며) 아파, 안 아파! 너도 아프지?

아이는 부모의 말이 아니라 태도를 보고 배웁니다. 결국 엄마는 '너 때문에 내가 얼마나 창피한 줄 아냐', '내가 너 때문에 화가 나서 못 살겠다'는 자신의 감정을 아이에게 표현한 겁니다. 팔을 잡아끌어 앉히고, 자기도 모르게 손이 올라가고, 꿀밤을 세게 쥐어박는 등 엄마 스스로 감정을 조절하지 못하는 방법으로요.

우리 뇌의 대뇌반구 앞쪽에 위치한 전두엽은 사고 및 판단과 같은 고도의 정신 작용이 이뤄지는 곳이에요. 인간이 이성적인 사고를 하고 창의성을 발휘하며 감정 조절과 공감 능력을 보이는 것은 모두 전두엽 때문이지요. 성인과 달리 아이는 아직 전두엽이 완전히 기능하는 상태가 아니에요. 보통 전두엽은 만 4~6세 때 활발하게 발달하기 시작하고 만 15~20세 전후까지 꾸준히 발달하는 것으로 알려져 있거든요.

전두엽 기능이 아직 덜 형성되어 있는 아이가 타인의 감정을 인식해서 자신의 감정을 조절하고 올바르게 행동하기란 쉬운 일이 아닙니다. 발달 과정에 있는 아이에게 감정 조절의 방법을 가르치기 위해 가장 필수적인 것은 부모의 바람직한 모델링이에요.

지훈이 엄마의 상황일 때 이렇게 해 보면 어떨까요? 만약 평소 엄마가 하원하는 지훈이를 맞이할 때 밝은 목소리로 나가 가방을 들어 줬다면 그날은 현관에 나가 반갑게 맞이하지 않는 거예요. 또 평소 엄마가 맛있는 간식을 준비해 놓고 "지훈아, 엄마가 맛있는 거 해놨어"라고 했다면 그날은 아무것도 만들어 주지 않는 겁니다. 그럼 아이는 평소와 다른 분위기를 이상하게 느낄 거예요.

지훈: (평소처럼) 엄마! 맛있는 거 없어?

엄마: (소파에 앉아 무표정으로 팔짱을 끼고 아무 반응도 하지 않는다.)

지훈: 엄마! 엄마! 맛있는 거 없냐고! 내 말 안 들려?

엄마: (경직된 낮은 목소리로) 지훈아, 여기 와서 앉아 봐.

지훈: 왜 그래? 빨리….

엄마: (만약 아이가 누우려고 하거나 자세가 흐트러지면 바로 세워 주며) 이리 와서 바르게 앉아! 엄마 표정 봐. 엄마 표정이 어때?

지훈: 화났어.

엄마: 그래. 엄마 속상하고 화났어. 선생님한테 전화 받은 이후로 화가 나기 시작했는데 엄마가 왜 화가 났을지 생각해 봐.

이때 평소와 다른 분위기이고 엄마가 지금 진지한 대화를 할 것이라는 점을 분명히 보여 줘야 합니다. 그리고 아이도 진지하게 대화를 하도록 준비시키세요. 또한 엄마가 아이의 잘못을 나열해 주는 것이 아니라 아이가 스스로 자신의 잘못을 말하도록 하는 것이 좋습니다. 평소와 다르게 엄마가 진지한 태도로 서로의 표정과 눈을 보며 대화를 이끌어 간다면 아이는 '지금은 내가 떼를 쓰면 안 되는 상황이구나'라고 느끼며 대화에 따라올 거예요.

아무리 속상하고 화가 나고 실망스러워도 아이에게 엄마가 감정 조절을 못 하는 모습을 보여서는 절대 안 됩니다. 엄마의 잘못된 모델링은 아이의 문제 행동을 지속시키거나 또 다른 문제 행동의 원인을 만들 뿐이라는 것을 잊지 마세요.

아이 마음 짓기 24

마음을 단단하게 짓고 자립심을 키워 주세요

아이가 친구에게 맞았다면 어떻게 지도해야 할까요?

엄마라면 누구나 아이가 어린이집에 가서 친구들과 잘 놀고 오기를 바랍니다. 만약 내 아이가 어린이집에서 또래 친구에게 맞고 온다면 어떨까요? 그것도 한 번이 아닌 반복적으로 맞았다는 얘기를 들었다면요? 말로 표현할 수 있는 나이라면 아이를 다그쳐서라도 상황을 제대로 파악하고 싶을 거예요. 아직 말로 표현도 못 하는데 몸에 상처가 생겼다면 엄마의 마음은 속상함이라는 말로는 설명이 부족할 겁니다. 내가 알지 못하는 사이 더 자주, 더 세게 맞은 건 아닌지 불안감과 두려움까지 생기겠지요.

갈등 관계에 대처하는 다양한 기술을 알려 주세요

보통 아이가 맞고 왔을 때 부모의 반응은 크게 3가지입니다. 첫째, 아들이 맞고 왔을 때 아빠들이 주로 많이 하는 반응이에요. "같이 때려", "사내가 맞고 다니면 안 돼. 아빠가 책임질게"라는 유형이지요. 이 경우 대체로 아이는 부모의 말을 믿고 같이 때릴 겁니다. 하지만 그러면 교사로부터 부정적인 피드백을 받겠지요. 처음에는 맞는 피해자 입장이었지만 곧 가해자가 될 가능성이 높아져요. 폭력 반응이 반복되어 습관이 되면 나중에 아이가 잘못된 길로 들어설 수도 있습니다.

간혹 부모가 때리라고 했는데 때리지 못하는 아이도 있어요. 마음이 여려 용기가 없거나 '친구와 사이좋게 지내야 한다'는 규칙 지키기를 중요하게 생각하기 때문이에요. 이때 아이는 큰 혼란을 느낍니다. 규칙 준수와 아빠의 반응 사이에서 갈등하는 거지요. 아이는 다음에 다시 친구와 갈등이 생기는 일이 있더라도 부모에게 알리지 못할 거예요. 혼자 참으며 추후 더 큰 상처와 불안, 고통을 안고 지낼 가능성이 높아집니다.

둘째, 주로 엄마들이 많이 하는 반응으로 "그 친구하고 놀지 말고 다른 애랑 놀아!"라는 유형입니다. 이 반응을 유도하는 엄마라면 꼭 함께 생각해야 할 게 있습니다. '내 아이를 어떻게 하면 안 맞게 할까'에 앞서 '내 아이가 왜 맞았을까'를 먼저 생각해야 해요.

엄마가 봤을 때 내 아이를 때린 아이는 분명 공격적인 아이인데 왜 내 아이는 그 친구와 놀까요?

아이들의 또래 사귀기를 관찰해 보면 성인과 다른 부분이 있습니다. 성인은 대체로 자신과 성향이 비슷한 사람끼리 모이잖아요. 아이는 성향이 비슷한 아이들끼리 놀기도 하지만 성향이 반대인 아이들끼리 어울리는 경우도 종종 있거든요. 공격성이 있는 아이는 행동이 크고 말을 많이 하고 간혹 재미있는 표정들을 보여 주곤 해요. 그래서 수줍음이 많은 아이들의 부러움의 대상이 되지요. 재미있는 놀잇거리가 많은 공격적인 친구 옆에서 함께 어울리고 싶어 하는 아이들이 꼭 있습니다.

그런데 엄마는 그 친구와 놀지 말라고 하거나 선생님께 전화해서 자리를 바꿔 달라고 부탁하지요. 이 경우 아이는 놀 친구가 없어지거나 유치원이 재미없어질 수 있어요. 엄마가 친구 선택의 자율성을 뺏고 간섭을 하는 것은 결코 아이에게 좋은 길잡이가 되지 않습니다.

셋째, 어떤 엄마들은 "선생님께 일렀어?"라며 선생님께 도움을 청하라고 지시하는 경우도 있습니다. 물론 어린 영유아들의 경우 갈등 해결을 위해 어른의 도움이 많이 필요합니다. 상황을 현명하게 대처할 방법이 많지 않고 각자 자기 입장에서만 말하는 경우가 대부분이거든요. 하지만 어려운 일이 생겼을 때마다 선생님께 이르고 도움을 청하라고 조언하는 것은 아이에게 성인 의존적인 성향을 갖게 할 수 있어요. 이 또한 100퍼센트 좋은 답이라고 볼 수는 없지요.

저것도 답이 아닌 것 같다고요? 사실은 3가지 반응 모두 아이가 배우고 경험해야 할 사회적 기술입니다. 친구가 지속적으로 자신을 우습게 본다면 한 번은 같이 때릴 용기도 있어야 해요. 가끔은 예측하지 못한 상황에서 친구가 평소와 다른 모습을 보인다면 피해야 하는 경우도 있지요. 스스로 감당하기 어려운 상황에서 어른에게 도움 청하기는 반드시 할 줄 알아야 하는 사회적 기술입니다.

아이의 판단과 선택에 책임을 지도록 도와주세요

중요한 것은 친구끼리의 갈등 상황이나 관계 문제에서 정확한 정답이란 존재하지 않는다는 거예요. 상황마다 다르기 때문에 쫓아다니며 엄마가 답을 찾아 줄 순 없어요. 엄마는 아이가 언제 어떤 유형의 사회적 기술을 사용할 것인지 스스로 선택할 수 있도록 돕는 것이 현명합니다. 다양한 상황에서 여러 사회적 기술을 적용해 보고 자신의 선택에 책임을 지도록 지도해야 하지요.

내 아이가 친구에게 맞았다고 억울해 한다면 엄마로서의 최선은 우선 위로입니다. 때려서 맞은 것도 아프겠지만 엄마에게 이야기를 하고 있다는 건 마음에 위로가 필요하단 뜻이거든요. 왜 맞았냐고, 넌 왜 가만있었냐고 다그치는 것은 그리 좋은 대화를 이어 나갈 수 없습니다.

엄마가 어떤 정답을 주려고 하지 마세요. 아이가 그 상황에서 어떤 반응을 선택했는지 물어보고 이야기를 들어 주는 것이 좋습니다. 만약 참았다고 이야기를 하면 감정을 조절해서 행동한 것에 대해 격려도 해줘야 해요. 아이의 선택에 대한 이유도 들어 보세요. 그리고 선택에 따라 어떤 장점과 단점이 있었는지, 그 선택으로 어떤 결과가 생겼는지 아이 스스로 반성해 보도록 하는 거예요. 다음에 같은 상황이 발생한다면 그땐 어떤 선택을 하고 싶은지도 함께 이야기 나눠 보면 더욱 좋습니다.

현명한 엄마는 아이에게 답을 주거나 강요하지 않아요. 오히려 아이의 마음을 단단하게 짓고 자립심을 키우는 데 정성을 쏟지요. 아이 스스로 다양한 경험을 통해 여러 방법을 찾도록 지원해 주는 엄마가 진짜 지혜로운 엄마거든요. 어릴 때부터 아이 스스로 판단하고 선택한 후, 행동에 대한 책임을 지도록 돕는 것은 아이가 자신의 삶을 주도적으로 살아가게 하는 원동력이 됩니다.

아이 마음 짓기 25

부모의 책임감 있는 말과 행동이 중요해요

아이가 실수로 큰 사고를 쳤다면 어떻게 대처해야 할까요?

초등학교 2학년의 강우는 학교 가는 것을 무척 싫어합니다. 엄마는 3월 내내 강우가 가만히 앉아 있지 못한다, 수업 종이 울려도 교실에 들어오지 않는다, 친구를 때린다는 이유로 매일 선생님께 연락을 받았어요.

4월의 어느 날 강우는 등굣길에 같은 반 친구 2명이 앞에서 걸어가는 것을 봤습니다. 반가운 마음에 강우가 먼저 "○○야!" 하고 이름을 불렀지요. 하지만 두 친구는 뒤를 돌아보더니 도망치듯 가 버렸습니다. 기분이 나빴던 강우는 눈앞에 보이는 돌을 집어 친구들에게 던졌어요. 그런데 하필 그 돌이 한 친구의 머리에 맞았습니다. 돌에 맞은 친구는 머리에서 피가 나고 쓰러져 학교가 왈칵 뒤집히고 말았습니다. 친구는 응급차에 실려 병원으로 이송되고 친구의 부모님, 할머니, 할아버지 모두 학교에 찾아와 항의했지요. 교장 선생님의 호출로 강우의 부모님도 학교로 불려 왔어요. 강우 부모님이 선생님들 앞에서 다친 친구의 부모에게 사죄를 하며 일은 일단락이 지어지는 듯했습니다.

아이는 맞으면서 커야 한다고 생각하는 강우 아빠는 평소에도 체벌을 하는 편입니다. 학교에 불려 간 것이 창피하고 화가 난 아빠는 집에 오자마자 몽둥이를 꺼내 강우를 마구 때립니다. 때리는 아빠를 말리던 엄마도 다치고, 속이 상한 엄마가 울분을 토하면서 강우의 집은 한바탕 아수라장이 되고 말았지요. 아빠가 강우에게 소리칩니다.

"방에 들어가서 반성하고 있어! 그리고 다시는 네가 잘못한 걸로 나 학교 불려 가는 일 없게 해. 네가 한 잘못이면 네가 알아서 해결해야지, 왜 나까지 창피하게 만들어!"

죄책감에 시달리는 아이의 마음을 들여다보세요

부모는 아이에게 어떤 존재로 함께해야 할까요? 부모는 미성숙한 아이를 위해 신이 내린 선물 같은 존재입니다. 아이 혼자서는 험난한 이 세상을 헤쳐 나갈 수 없거든요. 호락호락하지 않은 삶을 함께 머리를 맞대고 지혜롭게 헤쳐 나갈 수 있도록 부모를 붙여 주신 겁니다. 단지 때마다 수영장과 놀이동산에 다녀온다고, 맛있는 것을 사 먹인다고, 학원을 보내 주고 좋은 옷을 입힌다고 부모 역할을 다했다고 할 수 없어요. 부모는 내 아이가 정서적으로 불안하고 미성숙할수록 옆에서 든든한 버팀목이 되어야 합니다. 아이에게 험난한 일이 생길수록 더 머리를 맞대고 함께 고민해야 진정한 부모예요.

강우의 아빠는 자신이 실망하고 다친 마음보다 강우의 마음을 먼저 들여다봤어야 해요. 사건이 있던 그 하루 동안 초등학교 2학년의 어린 아들이 무엇을 보고 무엇을 듣고 어떤 감정을 느꼈을지 생각했어야지요.

가기 싫은 학교를 터덜터덜 걸어가면서 강우는 '오늘은 또 선생님한테 어떤 것으로 꾸지람을 들을까' 걱정스런 마음이었을 겁니다. 그러다 친구를 보고 반가운 마음에 이름을 불렀건만 자신을 보고 도망가는 친구들을 보며 배신감과 외로움을 느꼈겠지요. 그리고 예상치 못하게 친구의 머리에서 피가 나는 것을 보고 당황하고 놀라고 무서웠을 거예요. 응급차가 오고 친구의 가족들이 오고 엄마랑 아빠가 학교에 오는 것을 보며 도망가고 싶었겠지요.

자신 때문에 많은 사람들 앞에서 사과를 하는 엄마, 아빠를 보며 죄송한 마음과 함께 모든 아이들이 자신을 향해 보내는 따가운 시선, 수군거리는 소리에 어디론가 숨고 싶었을 거예요. 그리고 집으로 돌아와 아빠에게 맞은 것보다 자신 때문에 아빠에게 맞고 울분을 터뜨리는 엄마를 보며 '나는 왜 태어났을까. 나는 세상에 필요 없는 존재구나' 하고 죄책감에 시달렸을지도 모릅니다.

아이는 성인과 달리 어떤 행동을 할 때, 다음에 일어날 일을 예측하지 못하고 즉흥적으로 하는 경우가 많습니다. 강우가 돌을 던진 것은 분명 잘못된 행동이지요. 하지만 강우는 결코 '친구의 머리에서 피가 나게 해야지' 같은 나쁜 의도를 품었거나 피가 날 것이라고는 상상조차 하지 못했을 거예요. 한 치 앞도 모르고 행동하기에 항상 실패와 실수를 반복하는 아이들입니다.

아이는 부모의 모습에서 책임감을 배웁니다

아이의 잘못을 모두 실수이니 괜찮다고 넘어가거나 부모가 대신 해결하고 책임져야 한다는 말이 아닙니다. 잘못을 했으면 스스로 잘못을 반성하도록 해야지요. 자신이 한 행동과 잘못에 대해 해결하고 책임을 지도록 가르쳐야 해요. 하지만 발생한 일의 강도와 상황에 따라 부모의 개입 정도는 달라야 해요. 작은 일에 대한 처리도 잘하지 못해서 잦은 갈등을 보이는 아이에게 큰 사건을 혼자 책임지도록 한다는 것은 오히려 포기를 부추기고 세상에 대한 분노만 더욱 키울 뿐이니까요.

양육에도 밀당(밀고 당기기)이 필요합니다. 밀당은 적절한 시기에 적합한 방법을 사용해야 효과적이지요. 우리는 양육에서 밀당을 반대로 하는 경우가 많아요. 자녀에게 엄마가 필요한 영유아기 때는 아이를 떼어 놓으려고 애를 씁니다. 자녀가 청소년이 되어 친구와 함께 있거나 밖에서의 생활을 원할 때는 "어디야? 왜 안 들어와? 언제 들어올 거야?"라며 옆에 끼고 있으려 하지요.

아이의 연령뿐만 아니라 정서 상태도 밀당에서 중요한 기준이에요. 아이가 뭔가 스스로 해 보고 싶어 하고 즐거워할 때는 더 넓은 세상을 향해 나아갈 수 있도록 밀어 줘야 합니다. 아이가 불안하고 위축되고 힘들어할 때는 안전한 부모의 품으로 쑥 당겨야 하지요. 아이의 마음 배터리가 방전되었을 때는 "네가 알아서 해"라는 말로 에너지를 더 빼앗아서는 안 됩니다. 배터리를 충분히 충전시켜 줘야 해요. 부모 품에서 배터리가 충전된 아이는 세상을 향해 당당하게 에너지를 쓸 겁니다.

강우의 일이 어떻게 해결되었는지 궁금하지요? 강우 엄마는 혼자 방에서 울고 있는 아들에게 다가가 안아 주면서 말했습니다.

"우리 강우, 오늘 많이 힘들었지? 네가 감당하기엔 너무 큰일이 생겨서 많이 당황하고 힘들었을 것 같아. 하지만 걱정 마. 하느님이 세상에 엄마를 보낸 이유는 네가 힘들 때 같이 헤쳐 나가라고 보내신 거니까. 그래도 우리 아들, 가기 싫은 학교도 가고 친구랑 친해지려고 이름도 부르고 나름 열심히 학교생활 하고 있더라? 그럼에도 불구하고 돌을 던진 건 잘못이라는 거, 엄마가 다시 말하지 않아도 알 거라 믿어. 하지만 이미 생긴 일을 이제 와서 어떻게 하겠어. 엄마랑 같이 해결해 보자. 친구가 다쳤으니 우선 친구가 좋아하는 장난감이랑 약이랑 사서 친구한테 가보자. 다시 진심으로 사과도 하고 괜찮은지 살펴봐야지."

엄마는 강우와 같이 다친 친구의 집으로 가서 사과를 했습니다. 한동안 다친 친구와 강우의 등하굣길을 엄마가 같이 다녀 주면서 친구와 강우는 예전보다 친한 사이가 되었지요. 큰 시련은 때론 더 좋은 기회, 아이가 부쩍 성장할 수 있는 기회가 되기도 합니다. 강우는 이 사건을 계기로 엄마와의 관계가 더욱 돈독해지고 학교를 더 즐겁게 다닐 수 있었습니다.

아이가 잘못을 했을 때 "네가 잘못했으니까 알아서 해결해!"라며 밀어 내는 것이 항상 정답일 수는 없습니다. 때론 부모의 따뜻한 품으로 당겨 정서적 안정감과 용기, 희망을 줘야 할 때도 있거든요. 아이는 어떻게 해결해야 할지 모르겠는 깜깜한 상황을 부모가 지혜롭게 해결해 나가는 과정을 보면서 세상에 대한 지혜와 문제 해결 능력을 키워 갈 거예요. 책임감은 부모가 아이를 끝까지 책임지는 모습을 통해 자연스럽게 배울 겁니다.

육아 꿀팁

야단을 칠 때와 공감이 필요한 때를 나누는 기준이 있어요.

아이를 항상 공감해 줄 수만은 없어요. 특히 다른 사람을 다치게 한 아이를 공감해 줬다가 또다시 다른 사람을 다치게 하는 건 아닌가 의구심이 드는 건 당연하지요. 야단을 쳐야 할 때와 공감이 필요할 때를 나누는 기준은 사건을 알게 된 시점과 상처받은 사람에 따라 달라집니다. 예를 들어 강우가 친구에게 돌을 던지는 모습을 엄마가 그 자리에서 봤다면 당연히 야단을 쳐야 하지요. 시점은 부정적인 행동을 한 즉시이고, 상처받은 사람은 친구예요.

중재의 목적은 혼을 내는 것이 아니라 현재 하고 있는 잘못된 행동을 중지시키는 겁니다. 그리고 지금 스스로 어떤 일을 했는지 객관적으로 인식하도록 도우면서 다음에 그 행동이 다시 나오지 않도록 하는 거예요. 하지만 강우의 경우 시점은 잘못한 상황이 이미 지나갔으며, 충분히 그로 인한 많은 부정적 시선과 두려움 등을 겪은 이후입니다. 또한 엄마, 아빠가 강우와 대화를 할 때는 강우의 마음이 걱정과 불안으로 가득 찬 상태였고요. 집에 돌아왔을 때 마음에 상처를 받은 사람은 강우인 것이죠.

훈육, 칭찬과 벌, 공감 등 다양한 양육 기술이 있다는 것은 엄마들도 다 알고 있습니다. 다만 언제 어떻게 하느냐에 따라 효과가 달라진다는 게 중요하지요. 만약 강우 아빠의 마지막 말로 대화가 마무리되었다면 강우는 큰 상처를 받고 스스로 어떻게 해야 할지도 모른 채 더 크게 방황했을지도 모릅니다.

아이 마음 짓기 26

지적하는 말은 아이를 방어하게 만들어요

핑계 대는 아이의 말버릇을 어떻게 고칠 수 있을까요?

아이와 있다 보면 이런 경우 정말 많지요?

엄마: 잠잘 시간이야. 얼른 누워.

아이: 잠깐만, 물 먹고 싶어.

엄마: 이제 물 먹었으니 어서 누워.

아이: 잠깐만, 쉬 마려. 쉬 좀 하고.

엄마: 어른한테 인사를 해야지. 왜 안 해?

아이: 내가 인사하려고 했는데 그 아줌마가 그냥 나갔어.

엄마: (과자를 떨어뜨린 아이에게) 봉지를 똑바로 들어야지.

아이: 엄마 때문이야. 엄마 때문에 떨어진 거야. 엄마가 다시 사 내.

교사: (친구를 때리는 모습을 보고) 석진이! 이리 오세요.

석진: 쟤가 먼저 그랬다고요. 쟤가 먼저 나 째려봤어요.

아이가 핑계를 대기 시작한다는 것은 자신의 잘못을 인식하고 수치심이나 부끄러움과 같은 부정적 감정이 세분화되었다는 의미예요. 그리고 아이가 남을 속이기 위해 핑계를 대는 것은 아닙니다. 인지 능력이 어른만큼 완전히 성장하지 않았기 때문에 자신의 핑계가 말도 안 된다는 것을 인식하지 못하지요. 인지 능력의 미성숙함과 부정적 감정에 대한 처리 방법을 잘 알지 못하기 때문에 순간적으로 그 상황을 빨리 종료시키고자 핑계를 댑니다. 그러니 아이가 성장 과정 중 핑계 대는 모습을 보인다고 해서 지나치게 비난하는 것은 바람직하지 않아요.

핑계는 심리학적으로 자신이 상처받을 것을 대비해서 스스로 보호하기 위해 사용하는 **방어기제**의 일종이라 할 수 있습니다.

아이들이 자주 쓰는 3가지 방어기제가 있어요

방어기제 유형으로는 감당하기 힘든 고통스러운 상황을 인정하지 않으려는 **현실 부정**, 자신의 잘못된 행동을 그럴듯한 구실로 설명하는 **자기 합리화**, 자신의 잘못으로 일어난 일을 마치 다른 사람의 잘못인 양 남의 탓으로 돌리는 **투사** 등이 있어요.

인간의 행동을 이해하는 데 방어기제를 파악하는 것은 매우 의미가 있습니다. 예를 들어 현실 부정은 게임에서 몰래 반칙을 해 놓고 "내가 안 그랬어요. 내가 안 그랬다고요"라며 거짓말을 하는 경우처럼 주로 비난과 책임을 피하고 싶을 때 나타납니다.

자기 합리화는 밤에 잠을 자고 싶지 않은 아이가 엄마가 잠을 재우기 위해 눕히면 물 먹고 싶다, 쉬 마렵다고 말하는 것처럼 하기 싫은 걸 피하고 싶어 구실을 대야 할 때 주로 사용하지요. "어른을 만나면 인사를 해야지. 왜 안 해"라는 엄마 말에 "인사하려고 했는데 그분이 나가셨어"라고 말하는 것도 마찬가지예요. 지금의 상황은 내 잘못이 아니라는 것을 강조하면서 사회적으로 용납이 되는 방식으로 자기 방어를 하지요.

투사는 자신이 친구를 때려 놓고 "너 때문이야. 네가 먼저 나 째려봤잖아"라며 친구의 탓으로 돌리거나 자신의 잘못으로 과자를 떨어뜨려 놓고 "엄마 때문이야. 엄마가 안 잡아 줘서 그렇잖아"라며 엄마 탓, 형제 탓으로 돌리는 경우입니다. 이런 투사는 내면에 심리적 원망이 포함되어 있고 잘못을 남의 탓으로 돌림으로써 다른 사람에게 피해를 줄 수 있으므로 가장 경계해야 할 유형이라 할 수 있어요. 만약 엄마가 자신의 상황을 모두 파악해서 알아줘야 하는데 못 알아줘서 문제가 생겼다는 원망과 함께 강한 심리적 의존이 포함되어 있는 투사를 아이가 자주 사용한다면 관심을 가지고 적절한 도움을 줄 필요가 있습니다.

실수를 대충 덮어 주면 핑계 대기가 심해져요

5세 웅이는 아침부터 과자를 먹겠다며 과자를 꺼내 달라고 합니다. 아침마다 과자나 젤리 때문에 생기는 갈등은 거의 일상처럼 반복되는 일이라 엄마는 아침부터 웅이랑 싸우고 싶지 않아 과자를 주고 말았지요. 그런데 과자 봉지를 뜯으며 걸어가던 웅이는 바닥의 물컵을 보지 못하고 지나가다 물을 쏟고 맙니다.

엄마: 아래를 보고 걸어야지. 과자만 보고 걸으니까 물컵을 쏟지!

웅이: 아니야. 내가 안 그랬어.

엄마: (혼자 물을 닦으며) 자기가 그래 놓고 뭘 안 했대.

간혹 엄마들 중에는 아이가 자신의 잘못에 대해 대충 핑계를 대며 모르는 척, 아닌 척해도 '나이가 좀 들면 나아지겠지', '괜히 건드렸다가 더 크게 짜증부리면 나만 힘들지'라는 생각으로 허용하는 분들이 있습니다. 그러나 이렇게 아이가 떼쓸 것을 미리 염려해서 대충 넘어가 주고 잘못을 대신 처리해 줄 경우 아이의 핑계 대기는 더욱 심해질 수 있어요. 예를 들어 웅이 엄마처럼 '내가 물을 닦으면 금방 끝날 일인데, 괜히 즐겁게 과자 먹는 아이를 건드려서 기분 나쁘게 해봐야 좋을 게 뭐 있겠냐' 싶어 그냥 넘어가는 경우 아이의 떼쓰기와 핑계 대기는 반복될 수밖에 없습니다.

엄마는 자녀와 일상에서 생기는 작은 갈등 해결 방식이 이번 한 번의 문제로 끝나는 게 아니라 아이의 잘못된 습관 및 바람직하지 못한 태도를 형성할 수 있다는 점을 기억해야 합니다. 다음에 같은 일이 반복되지 않으려면 아이에게 명확한 규칙과 기준을 제시하고 아이가 현재의 상황을 분명히 인지하며 솔직하게 말할 수 있도록 지도해야 하지요. 만약 웅이 엄마가 이번 일을 아래처럼 지도한다면 웅이의 핑계 대기는 점차 줄어들 수 있어요.

아침부터 과자를 먹겠다며 과자를 꺼내 달라고 하는 웅이에게 엄마가 말해요. "과자를 먹더라도 밥은 꼭 다 먹어야 해. 과자를 먹고 나면 입안이 달아서 밥맛이 없어지는데 그럼 어쩌지? 과자를 먹고 나면 입안을 헹궈야 하니 양치를 하고 밥을 먹도록 하자. 괜찮겠니? 물론 밥을 먹은 다음에도 양치는 해야 해."

아이가 과자를 먹은 후 양치를 하고 밥을 먹겠다고 한다면 그 선택을 존중해 주되 생길 수 있는 일에 대해 미리 인지시킵니다. "만약 지금 과자를 먹고 밥을 먹을 때 밥맛이 없어지거나 배가 불러서 밥을 다 먹지 않으면 이제 엄마는 밥을 먹기 전에 과자를 줄 수 없어. 알겠니?"

약속을 한 후 과자를 받아 과자 봉지를 뜯으며 걸어가던 웅이는 바닥의 물컵을 보지 못하고 지나가다 물을 쏟고 맙니다.

엄마: 웅아! 어떤 일이 벌어졌는지 좀 보겠니?

웅이: (엄마 말에 집중하지 않고 모르는 척 과자를 먹으며) 몰라. 내가 안 그랬어.

엄마: 만약 엄마 얘기를 듣지 않으면 엄마가 과자를 가져갈 거야. (아동이 엄마 말에 집중할 수 있도록 태도를 바꿔 놓고 다시 대화를 시도한다.) 엄마는 부엌에 있었고 물컵은 바닥에 있었어. 왜 물이 쏟아졌을까?

웅이: 아니, 내가 그런 게 아니고 얘가 그냥 넘어졌어.

엄마: 그래, 웅이가 일부러 쏟으려고 한 건 아니야. 하지만 누구 발에 걸려서 물이 쏟아졌지?

웅이: 내 발.

엄마: 그래, 실수는 할 수 있어. 하지만 자기가 잘못해 놓고 안 했다고 하는 것은 옳지 않아. 물을 닦고 다시 과자를 먹자.

아이에게 용서받을 수 있다는 믿음을 심어 주세요

보통 아이가 자신의 잘못을 대충 핑계 대며 넘어가려고 할 때 엄마는 순간적으로 화가 나고 비난의 말이 나오기가 쉬워요. 그러나 이때 엄마가 감정적으로 비난의 말을 쏟아 내는 것은 전혀 도움이 되지 않지요. 하고 싶은 말이 있어도 아이의 말을 먼저 들어 주는 것이 중요합니다. 왜냐하면 나이와 상관없이 모든 인간은 상대가 자신의 인격이나 권리, 안전을 침해할 때 혹은 과거의 상처를 들출 때 이성적 판단보다 반격하려는 태도가 먼저 나오거든요. 엄마의 감정적 비난은 아이가 반격의 자세를 취하도록 만들어 문제 해결에 도움이 되지 않지요.

아이의 잘못임을 인식시키기 위해 엄마가 잘못을 일일이 지적해 주는 경우가 있는데 이 또한 지양해야 할 태도입니다. 잘못은 엄마가 말해 주는 것보다 아이가 스스로 말하도록 돕는 것이 바람직하지요. 아이가 상황을 정확하게 파악하고 인지적으로 어느 부분에서 오류가 있었는지 스스로 확인하는 데 도움이 됩니다.

예를 들면 "무슨 일이 일어났니?", "친구의 표정을 좀 보겠니? 친구가 왜 슬픈 표정으로 있을까?"처럼 문제 상황을 파악하도록 하거나 감정이 상한 사람의 표정을 살필 수 있도록 묻는 거예요.

여기서 중요한 것은 아이가 솔직히 말하고 싶어 하지 않을 경우, 엄마가 알고 있다는 것을 알리고 단호한 태도로 말할 때까지 기다리겠다, 스스로 말해 주기를 기대한다는 자세를 취하는 것이 좋습니다. 만약 엄마가 자신의 잘못을 들추려는 태도에 아이가 분노를 표현한다면 아이의 감정을 제재하면서 차분해질 때까지 기다리는 단계가 필요해요.

무엇보다 아이가 핑계를 대지 않고 솔직한 사람으로 자라도록 돕기 위해서는 평소 부모가 자신의 잘못을 시인하며 용서를 구하는 모습을 모델링하는 것이 중요하다는 점도 잊지 말아야 합니다. 그 외에도 평소 아이의 작은 실수조차 용납하지 않으며 강압적이고 무서운 분위기를 만들고 있진 않은지 점검도 필요해요. 잘못에 대한 벌을 줄 때 체벌과 같이 아이가 감당할 수 없는 아픔이나 고통을 준다면 아이는 벌을 피하고 싶어 어쩔 수 없이 핑계를 댄다는 것도 기억해야 합니다.

자녀를 양육한다는 것은 미성숙한 아이가 성숙한 인간으로 자라도록 돕는 과정입니다. 아직 성장의 과정 중에 있는 아이는 실수와 실패를 반복할 수밖에 없다는 것을 인정해 주세요. 솔직하게 자신의 잘못을 말해도 용서받을 수 있을 것이라는 믿음이 있을 때 아이의 핑계 대기는 점차 줄어들 겁니다.

아이 마음 짓기 27

비교의 말은 부모에게 되돌아옵니다

사랑스러운 아이가 왜 갑자기 미워 보일까요?

평온했던 감정을 갑자기 우울하고 불행하게 만드는 방법이 있습니다. '친구는 시댁에서 번듯한 아파트 사 줘서 잘사는데', '동생은 부모님이 유학도 보내 줘서 영어도 잘하는데', '누구는 연봉 높은 남편 만나 맨날 여행만 다니는데', '아무개는 날씬하고 예쁘게 태어나 가만히 있어도 인기가 많은데' 하고 남과 비교를 하는 겁니다. 비교는 평범했던 일상과 나 자신을 무력하고 보잘것없게 만들어 버리지요.

비교하는 말 한마디로 아까운 하루를 망칠 수도 있고 소중한 관계를 무너뜨릴 수도 있어요. 우리 주변에는 이런 비교를 습관처럼 반복해서 인생 자체를 망가뜨리는 사람도 종종 있습니다. 비교 안에는 부정적인 에너지, 나쁜 에너지가 포함되어 있기 때문입니다.

사실 비교가 가능하기 위해서는 출발점이 같고 기준이 명확해야 합니다. 예를 들어 달리기를 누가 더 잘하나 비교하기 위해서는 같은 출발선에서 동시에 출발해야 하잖아요. 이런 의미에서 누가 더 행복한가라는 비교는 사람에 따라 가치 기준이 다르기 때문에 비교 자체가 불가능하지요. 건강에 두느냐, 가족에 두느냐, 재산에 두느냐에 따라 행복의 가치와 지수가 다르거든요.

전 세계 70억 인구 중 같은 사람은 한 명도 없습니다. 인간은 각자 고유한 존재인 만큼 존귀하며 비교가 불가능합니다. 그럼에도 불구하고 외모는 연예인, 재산은 친구, 승진은 동기 등으로 상황마다 기준을 바꿔 비교한다면 불행을 자초하는 겁니다.

더욱이 발달 과정 중에 있는 아이를 비교한다는 것은 그 자체가 무의미합니다. 발달 속도가 모두 다르거든요. 가지고 태어난 기질적 특성도 다르고 경험의 종류도 달라요. 아이는 현재 무슨 관심을 가지고 있느냐, 어떤 가정 분위기에서 자랐느냐 등에 따라 발달적으로 큰 차이를 보일 수밖에 없어요. 어느 정도 안정화 단계의 성인도 비교가 불가능한데 하물며 아이를 비교한다는 것은 더욱 의미가 없습니다.

그럼에도 불구하고 아이를 비교하는 엄마의 말은 그 내용도 너무나 다양해요. '친구들은 유치원에서 밥도 잘 먹는데', '다른 애들은 친구들이랑 싸우지도 않고 잘 노는데', '참관수업에 가 보니 누구는 집중도 잘하고 발표도 잘하던데', '같은 반 누구는 말도 예쁘게 하던데' 등 이런 비교를 하는 순간 아이와의 관계도 불행해질 수밖에 없습니다.

자꾸 한숨이 나오고 사랑스러웠던 내 아이가 갑자기 미워 보이기 시작해요. 게다가 비교하는 대상이 친구가 아닌 형제자매일 경우 불행의 강도는 더욱 세집니다. 부모가 가족인 형제자매를 비교하면 아이는 부모뿐만 아니라 자신과 비교한 형제자매에게도 부정적인 감정이 생기지요. 갑자기 화가 나고 울화가 쌓이며 자존감에 평생 지울 수 없는 상처가 납니다.

비교는 아이의 성장에 도움이 되지 않아요

연년생의 남매를 둔 엄마가 있습니다. 7세 동생인 시후는 기질적으로 순해서 눈치도 빠르고 엄마의 기분을 잘 살펴 상황에 맞게 행동합니다. 하지만 8세 누나인 시아는 기질적으로 까다롭다 보니 주변보다는 자신의 감정이 우선인 편입니다. 게다가 엄마의 성향이 규칙을 중시하고 청결뿐만 아니라 모든 일에 완벽하고자

해서 매번 시아와 엄마는 부딪히는 경우가 많지요.

엄마: 클레이를 뒤집어 놓지 않으면 딱딱해져서 못 쓴다고 했지. 시후는 뒤집어 놓잖아. 그러니까 말랑말랑해서 또 쓸 수 있지.

시아: 시후도 아까 안 뒤집어 놨어! (엄마를 째려본다.)

엄마: 엄마가 계속 봤는데 잘 뒤집어 놓더만. 그리고 시후처럼 필요한 만큼 조금씩 섞으라고 했지. 이거 어떻게 할 거야? 필요도 없으면서 꼭 다 섞어 놔. 다른 사람 못 쓰게.

비교 안에는 '나는 네가 마음에 들지 않는다. 만족스럽지 않다. 못마땅하다. 왜 그것밖에 안 되느냐'라는 의미가 포함되어 있습니다. 자신을 있는 그대로 인정하지 않는 엄마에게 아이는 불신을 느끼고 마음에 분노가 쌓입니다. 엄마는 아이가 더 잘되라고 하는 말이지만 비교는 결국 문제 해결에 도움이 되지 않습니다. 왜냐하면 비교는 문제의 근원을 객관적으로 보는 것이 아니라 감정에 치우치게 하거든요. 비교를 당하는 사람은 무의식적으로 자신을 방어하려는 자세를 취하게 되고 이는 문제 밖에서 핑계만 찾도록 하지요.

위 사례의 경우도 그렇습니다. 엄마는 '다 쓴 클레이는 뒤집어 놓아라'라는 말을 하고 시아의 행동이 수정되길 바랐던 겁니다. 하지만 엄마가 동생과 비교를 하는 순간 시아는 자신의 클레이를 뒤집어 놓는 것에는 관심이 사라져 버렸지요. 그래서 동생도 잘못을 했다는, 문제의 근원과 상관없는 반응을 보인 겁니다.

더 큰 문제는 아이가 아직은 어려서 엄마를 째려보는 정도로 끝이 났을지도 모른다는 겁니다. 이후 엄마가 계속해서 동생과 비교를 한다면 질투가 화를 낳고 화는 분노의 불씨가 되어 더 크게 타오를지도 모릅니다. 다음은 습관적으로 비교하는 엄마들의 자녀가 커서 하게 될 말들입니다.

"친구는 학원 안 다니는데 나는 왜 다녀야 해요?"

"친구들은 다 스마트폰 있는데 난 왜 안 사줘요?"

"엄마가 누구 엄마처럼 따뜻하지 않으니까 내가 얼마나 외로웠는데요?"

"누구 부모님처럼 나 유학을 보내 줄 수 있어요?"

"결혼하려면 집 살 돈이 있어야죠. 누구처럼 집 사 줄 거예요?"

만약 지금 바로 엄마가 비교를 멈추지 않는다면 머지않아 아이도 자신이 듣고 자란 비교의 말들을 그대로 쏟아 낼 겁니다. 열심히 키워 놓고 아이에게 원망을 듣고 상처받는다면 얼마나 슬플까요? 비교의 말은 쉽지만 그 상처는 쉽게 아물지 않습니다. 습관적으로 아이를 다른 아이와 비교하고 있지는 않나요? 비교의 말을 입 밖에 내기 전에 아이에게 정말 도움이 되는 말이 무엇일지 생각해 보세요.

아이 마음 짓기 28

꾸물대지 말라는 말에 아이는 억울함을 느껴요

뭉그적거리는 습관을 어떻게 고칠 수 있을까요?

'엄마'라는 이름을 갖기 전, 사랑스런 아기와 만날 날을 손꼽아 기다릴 때를 기억하시나요? 엄마가 된다면 자신은 어떤 엄마가 되리라 다짐하셨는지요. 항상 아이와 함께 웃는 엄마, 아이에게 예쁜 말만 하는 엄마, 아이를 위해서라면 무엇이든 최선을 다하는 엄마, 따뜻한 손길로 아이의 손을 잡아 주는 엄마, 어떤 상황에서도 아이를 믿어 주는 엄마, 포근한 미소로 아이를 기다려 주는 엄마, 아이가 힘들 땐 위로해 주는 엄마, 언제 어떤 일이 있어도 아이의 편이 되어 주는 엄마가 되리라 다짐했을 겁니다.

'난 이런 엄마가 되어야지'라고 다짐했던 모습들은 어쩌면 어릴 적 나의 엄마에게 바라던 모습인지도 모릅니다. 그런데 내가 다짐했던 엄마 되기란 결코 쉽지 않아요. 사랑과 정성을 담아 최선을 다하면 될 것 같은데 양육은 예상대로, 마음먹은 대로 잘 되지 않는 경우가 많거든요.

예를 들어 좋은 재료만 넣고 열심히 만든 음식이니 맛있게 먹어 주면 좋으련만 아이는 먹지를 않습니다. 시간에 쫓겨서 너무 바쁜데 아이는 움직일 생각도 않고 오히려 떼를 쓰지요. 교육용이라 괜찮을 줄 알고 보여 줬을 뿐인데 아이는 휴대폰을 손에서 놓으려고 하지 않아요. 36개월까지 데리고 있는 게 아이의 정서에 좋다고 해서 힘들어도 꿋꿋이 독박육아를 했건만 아이는 내가 없으면 아무것도 하지 않는 엄마의 껌딱지가 되어 버렸습니다. 공부를 잘하라는 것도 아니고 학교에서 내준 숙제라도 하라는데 그 숙제마저 할 때마다 전쟁이지요. 이럴 때면 '엄마'라는 이름의 우리는 정말이지 어떻게 해야 할지 모르겠고 우울하고 속상합니다. 나만 이런 것 같고 뭔가 크게 잘못한 것 같은데 방법을 몰라 더욱 불안해지지요.

엄마가 되기 전에는 사랑하는 아이에게 이런 말을 하리라고 상상이나 했을까요? "그러려면 먹지 마", "네 맘대로 해. 이제 나도 너한테 신경 안 쓸 거야", "네 인생이지, 내 인생이냐?", "내가 너 때문에 정말 못 살아" 같은 끔찍한 말들을요. 아이가 엄마의 마음을 조금이라도 알고 도와주면 좋을 텐데 뭉그적거릴 때는 속이 탑니다.

엄마도 사람인데 오죽하면 그러겠냐 하는 분들도 있을 거예요. 하지만 저는 여기서 "괜찮다", "엄마만 그런 게 아니고 다 그렇다", "엄마도 어릴 적 그런 얘기 많이 들었어도 지금 잘 자라지 않았느냐" 같은 피상적인 위로는 하지 않으려고 합니다. 이런 말들은 순간은 위로가 될지 몰라도 크게 도움이 되지 않는다는 것을 우리는 알잖아요.

아이가 항상 엄마의 속도에 맞추기는 어려워요

'오죽하면 그러겠느냐'라는 말은 결국 합리화입니다. 내가 어릴 적 바라던 엄마, 내 아이가 기대하는 엄마는 그런 합리화로 자신을 방어하는 엄마가 아닙니다. 우리가 바라는 엄마는 '그럼에도 불구하고'라는 말이 어울리는 엄마, 희생하는 엄마지요.

언젠가 TV 다큐멘터리에서 75세 노모가 150킬로그램인 50세 아들을 돌보는 일상을 보며 큰 감동을 받은 적이 있어요. 소아마비의 대학생 아들을 학교에 보내기 위해 매일 휠체어를 끌고 강의실 뒤에서 같이 강의를 듣는 엄마의 모습을 보며 눈물을 흘린 기억이 납니다. 우리가 바라는 엄마상은 그래요. 그리고 "대단하다. 엄마니까 할 수 있는 일이지"라며 엄마라는 존재의 위대함을 말하곤 하지요.

'희생'이라는 말은 아이의 식사 시간에 맞춰 밥을 차려 주는 것, 학교와 유치원을 보내는 것, 책을 읽어 주는 것만으로는 어울리지 않는 단어입니다. 이런 엄마로서의 일상은 '희생'이라는 말보다 단지 '역할'이라는 말이 더 어울리겠지요. 우리는 자신의 역할을 다한 것만으로 감동을 하진 않습니다. 다만 역할조차 하지 않으면 비난이 빗발치겠죠.

우리는 엄마로서의 역할은 다 하되 최소한 아이에게 말로 상처는 주지 말아야 합니다. 만약 조금 더 좋은 엄마를 해볼 의향이 있다면 '그럼에도 불구하고' 노력해 보는 겁니다. 잘 모르겠으면 책을 찾아보고 더 궁금하면 강연도 들어 보는 거예요. 아이가 화를 돋울 때 어떻게 하라고 했는지 잘 기억나지 않으면 마음에 와 닿았던 구절을 잘 보이는 곳에 적어 놓고 자꾸 읽어 보는 것도 좋아요. 지금 엄마가 하고 있는 노력처럼 하면 됩니다. 아이는 엄마의 삶 전체와 함께하는 관계거든요. 자신이 말썽 부린 것, 엄마 속 썩인 것 다 압니다. '그럼에도 불구하고' 자신을 포기하지 않고 노력한 엄마를 아이는 절대 잊지 못합니다.

꾸물대는 것처럼 보이지만 아이만의 이유가 있어요

사람은 누구나 다릅니다. 외모뿐만 아니라 생각과 느낌, 사용하는 언어, 기질과 성격, 말하는 어투, 같은 상황에서도 느끼는 감정 등이 모두 다르지요. 내 배로 낳았지만 자녀도 타인이고 독립된 인격체잖아요. 나와 모든 것이 다른 타인과 함께 관계를 맺기 위해서는 부단한 노력이 필요합니다.

부단한 노력은 꾸준한 노력을 말하는 것이지, 결코 어려운 노력을 이야기하는 게 아니에요. 아이를 알고자 하는 노력이면 충분합니다. 아이가 뭉그적거릴 땐 이유가 있을 거예요. 아이가 갑자기 짜증을 부릴 땐 그만한 이유가 있겠지요. 아이가 10번 말해도 말을 듣지 않을 땐 원인이 있을 겁니다. "무슨 장면이 떠오르니? 어떤 느낌이 드니? 너를 가장 힘들게 하는 게 뭐니? 지금 가장 하고 싶은 게 뭐니? 엄마가 어떻게 해주길 바라니?" 등 아이의 생각과 감정, 느낌과 마음을 깊이 알고자 노력해 보세요. 결코 엄마의 생각을 강요하거나 '아마 그럴 거야'라며 섣부른 추측으로 판단해서는 안 돼요.

우리는 우리도 모르는 사이 아이의 마음을 무시하고 섣부른 추측이나 기대로 강요와 지시를 하는 경우가 상당히 많아요. 예를 들어 어렵게 시간을 내어 동물원에 데려갔으니 코끼리며 사자, 기린을 보고 관찰했으면 좋겠는데 아이는 바닥만 쳐다보고 무당

벌레만 잡거든요. 이럴 때 엄마는 "저기 기린이 나뭇잎 먹는다. 빨리 와. 무당벌레는 집 앞에도 있잖아"라며 아이를 번쩍 안고 가지요. 학교에서 돌아오면 숙제부터 하고 놀면 좋겠는데 오늘따라 아이는 가방만 던져 놓고 아무 말도 하지 않은 채 3시간 동안 TV 앞에서 꼼짝도 하지 않습니다. 이 모습을 보고 "학교에서 수업 듣느라 힘들었지? 혹시 학교에서 오늘따라 특별히 더 힘든 일이 있었니? 다른 때보다 머리를 식힐 시간이 더 많이 필요해 보여. 학교에서 어떤 일이 있었는지 궁금해"라며 진심으로 아이 마음을 알고자 묻는 엄마는 많지 않아요.

알고자 하는 노력은 아이에 대한 무한한 신뢰가 없으면 불가능합니다. 알고자 하는 노력은 아이가 가지고 있는 현재의 감정에 집중하고 들여다보려는 태도가 있어야 가능하지요. 그렇기 때문에 알고자 하는 노력만 있으면 어떤 문제든 가장 효율적이고 바람직한 방향으로 해결할 수 있습니다.

혹시 현재 아이의 문제로 고민되는 일이 있으신가요? 아이가 학교에서 문제를 일으키거나 엄마의 말을 듣지 않거나 자꾸 짜증을 부리거나 아무것도 하기 싫어하거나 공부를 하기 싫어하거나 게임만 하는 등 문제가 있다고 생각이 드시나요? 그렇다면 지금부터라도 아이의 마음을 깊이 알고자 노력해 보세요. 엄마가 자신의 마음을 진심으로 알고자 노력하는 모습을 보일 때 비로소 아이와의 관계가 회복되기 시작할 거예요.

아이 마음 짓기 29

휴대폰 문제는 가족과 함께 공유해 해결하세요

아이가 휴대폰을 사 달라고 하는데 어떻게 말해야 할까요?

대한민국에서 휴대폰으로 인한 고민은 이제 거의 모든 엄마들이 피해 갈 수 없는 주제이지요. 2019년 한국 미디어 패널 조사 결과 우리나라 어린이·청소년 연령층에서 스마트폰 보유율이 가장 높은 연령층은 중학생으로 95.9퍼센트에 이르며 고등학생은 95.2퍼센트, 초등학교 고학년은 81.2퍼센트, 초등학교 저학년은 37.8퍼센트가 스마트폰을 가지고 있는 것으로 나타났습니다. 즉 중고등학생의 경우 대부분 휴대폰을 가지고 있고 음악 감상 같은 취미 생활이나 친구와 소통하기 등의 일상을 휴대폰으로 하고 있다는 말이에요.

상황이 이렇다 보니 엄마가 딱히 사 줄 수 없는 명분을 만들어 자녀와 합의를 이끌기도 쉽지 않지요. 엄마의 생각이나 철학을 무조건 고집하기가 쉽지 않습니다. 10년 전만 해도 '초등학생이 무슨 휴대폰이야. 안 돼'라고 생각했지만 이제는 사 주긴 해야겠는데 언제부터 어떻게 시작해야 할지를 고민하게 되었지요. 그래서 각종 포털사이트나 지역별 맘 카페에는 '아이 휴대폰 언제 사 줘야 할까요?', '키즈폰으로 사 줘야 할까요, 스마트폰으로 사 줘야 할까요?' 등의 질문이 수시로 올라오곤 합니다.

아동발달 및 아동심리 전문가들은 아동의 휴대폰 보유 시점에 대해 구체적으로 명확한 답을 주기보다 대부분 최대한 늦추는 것이 좋다는 쪽으로 의견을 내는 것 같습니다. 아마도 휴대폰 사용으로 인한 부작용과 문제들이 너무 심각하다 보니 가능하다면 최대한 늦게 접하도록 하는 게 문제의 원인을 제공하지 않는다는 것이겠지요.

그럼에도 불구하고 좀 더 구체적인 답을 원하는 엄마들은 먼저 이 시기를 경험한 선배 엄마들을 통해 휴대폰 때문에 자녀와 겪었던 갈등이나 문제, 좋았던 경험, 유념해야 할 사항 등을 참고하기도 합니다. 예를 들어 유아기는 아무래도 조절 능력이 덜 형성되어 있으니 무조건 안 사 주는 게 답이다, 초등학교 이후에 사 주되 엄마가 집에 있으면 굳이 필요하지 않다, 직장맘일 경우 장점도 있다. 학교에 따라 휴대폰 보유 금지 서약서를 쓰는 경우도 있으니 가정 상황과 아이가 속한 사회문화적 환경, 아이의 조절 능력 등을 고려해야 한다고 하지요.

엄마들의 경험을 좀 더 구체적으로 살펴볼게요. 엄마가 직장을 다니는 경우 휴대폰이 있으면 아이의 안전을 확인할 수 있을 뿐만 아니라 하루 중 아이의 감정 변화를 엄마가 직장에서도 파악할 수 있다는 장점이 있습니다. 또 예기치 못한 돌발 상황이 발생했을 때 아이가 엄마에게 바로 연락이 가능하기 때문에 좀 더 바람직한 대처 방안을 함께 고민해 줄 수 있다는 장점도 있지요.

일부 대안학교나 사립학교의 경우 아이의 휴대폰 보유 금지를 서약서로 쓰기도 해서, 아이가 속한 사회문화적 분위기가 휴대폰 보유 시점에 영향을 주기도 합니다. 그 외에 평소 아이가 부모의 휴대폰을 자주 사용하면서 갈등을 유발한다면, 자신의 휴대폰을 가질 경우 갈등이 더욱 커지고 부모가 아이를 통제하기 어려울 수 있기 때문에 아이의 조절 능력을 확인해야 합니다.

휴대폰 구입 목적이 무엇인지 확인하세요

엄마들이 직접 경험한 조언들은 때론 전문가들의 가이드보다 훨씬 구체적이고 현실적으로 활용 가능한 경우들도 많지요. 결국 전문가들의 의견이나 선배 엄마들의 경험을 종합적으로 정리해 보면 그래도 유아기는 넘기고 초등학교 이상부터 생각해 보되 가정과 환경의 상황을 고려해야 할 것 같습니다. 또 휴대폰을 언제 사 주느냐보다 휴대폰을 사 주는 동기와 목적을 중요하게 생각해야 하지요. 목적을 분명히 하되 목적에 맞는 휴대폰 구입과 아이가 휴대폰 사용의 위험성을 인식하도록 지도하면서 올바른 사용 방법을 알려 줘야 합니다.

예를 들어 엄마가 자녀의 안전을 확인하기 위해서 휴대폰을 사 줬는데 아이는 친구와 소통하기 위해 휴대폰을 사 달라고 했다고 가정해 볼게요. 이 경우 휴대폰의 사용 목적이 서로 다르기 때문에 휴대폰을 사용하는 방법과 내용은 모두 달라질 수밖에 없습니다. 엄마는 아이가 집에 와서는 휴대폰을 만지지 않기를 바라겠지만, 아이는 친구와 소통이 목적이므로 집에 와서부터 본격적으로 휴대폰을 사용할 테니까요.

또 엄마는 급한 일이 있을 때 빨리 연락을 하고자 휴대폰을 사 줬는데 아이는 게임을 하기 위해 사 달라고 했다면 게임을 하고 있을 땐 엄마에게 연락이 와도 전화를 받지 않을 겁니다. 따라서 엄마는 구입 전 자녀와 함께 휴대폰 구입의 목적을 의논하고 합의를 이룬 후, 목적에 맞는 휴대폰 종류와 데이터 용량을 정할 필요가 있어요.

엄마와 자녀의 휴대폰에 대한 생각의 차이는 목적에만 있지 않아요. 엄마는 아이가 휴대폰을 보유하고 있을 경우 장점도 있지만 대체로 위험성을 더 크게 걱정하지요. 그러나 아이들은 대부분 휴대폰의 위험성은 형식적으로 들어서 아는 수준일 뿐 휴대폰을 가지고 있을 때의 장점과 기대감이 훨씬 큽니다. 때문에 장점과 단점 중 어느 쪽을 더 중요하게 생각하는지는 엄마와 아이의 관점이 서로 다릅니다. 이런 차이는 행동의 차이를 만들기 때문에 갈등의 요인이 될 수 있지요.

따라서 엄마는 휴대폰을 사 주기 전 아이에게 장시간의 휴대폰 사용은 건강에 부정적 영향을 줄 수 있음을 분명하게 인식시키고 이를 주기적, 반복적으로 지도할 필요가 있습니다.

휴대폰 구입 전 올바른 사용 규칙을 정하세요

휴대폰 구입 전, 엄마는 자녀와 함께 휴대폰의 올바른 사용 방법 및 규칙을 정하고 아이가 이를 지킬 수 있도록 지도해야 해요. 그런데 이런 규칙을 정할 때는 몇 가지 안전과 관련된 요인을 제외하고는 처음부터 너무 구체적인 내용을 하나하나 정하기보다 큰 틀에서 정하는 것이 바람직하지요. 아이의 행동이나 습관들을 관찰하면서 점차 세분화해서 규칙을 만들어 가야 하거든요.

예를 들어 이동 시에는 부득이하게 걸려온 전화를 받는 것 외에는 절대 휴대폰을 사용하지 않기, 휴대폰에 필요한 앱을 깔 때는 반드시 엄마의 허락을 받기 등은 아이의 안전과 관련된 것이기 때문에 처음부터 꼭 필요한 규칙입니다. 그러나 휴대폰을 하루 중 몇 시에 사용할 것인지, 숙제를 끝내고 할 것인지 아니면 숙제 전에 할 것인지와 같은 구체적인 내용은 나중에 정하도록 하세요. 상황에 따라 갈등이 생길 만한 경우의 수가 너무 많기 때문에 처음부터 만들어 놓으면 지키지 못하거나 규칙 자체가 의미 없어질 수 있거든요.

구체적인 규칙을 만드는 것보다 아이의 올바른 휴대폰 사용 습관이 형성될 때까지 주말마다 가족회의를 통해 자기평가 및 가족과 협의하는 시간 갖기 등을 제안하는 것은 매우 효과적일 수 있어요. 엄마와 아이가 일대일로 갈등하고 대립하는 것보다 가족이 함께 문제를 공유하고 해결 방법을 찾는 것도 도움이 될 수 있지요. 아이에게 '엄마=휴대폰 사용을 막는 사람'이라는 인식을 심어주지 않을 수 있고요.

가족회의는 자녀와 소통의 시간이 될 뿐만 아니라 휴대폰의 위험성을 인식시키는 각종 기사나 자료를 공식적으로 제시함으로써 아이를 비난하지 않고 스스로 조절 능력을 갖추도록 도와줄 수 있거든요. 또 '휴대폰 사용의 에티켓' 등을 주제로 가족회의를 하면 아이가 자발적으로 문제를 찾아 해결하게 됩니다. 뿐만 아니라 아이는 본인이 찾아온 내용이기 때문에 규칙을 더 잘 지키기 위해 노력하게 되지요.

아무리 올바른 규칙을 만들어도 실천하는 아이의 수준에 맞지 않게 너무 많거나 아이가 지키려는 마음이 없다면 규칙은 오히려 아이를 비난하는 구실이 될 뿐이에요. 그리고 규칙은 누군가 만든 것을 수동적으로 지키는 것보다 능동적, 자발적으로 규칙을 만들고 참여하도록 하는 것이 훨씬 효과적이지요.

어차피 휴대폰을 사 줘야 한다면 아이 스스로 휴대폰 사용의 목적을 분명히 하고 위험성을 정확히 인식하며 올바른 사용 방법을 만들어 지킬 수 있도록 돕는 것이 현명합니다.

육아 꿀팁

아이의 올바른 휴대폰 사용 습관을 위해 가족회의를 열어보세요.

1. 가족 구성원의 스케줄을 확인하고 가족회의 시간과 장소를 정합니다. 이때 가족회의 일지를 만들어 가족 구성원의 참석 여부를 사인 받아 놓으면 훨씬 책임감을 가지고 참석할 수 있습니다.

2. 첫 번째 회의 때는 엄마가 회의 주제를 정하고 두 번째 회의부터는 회의 종료 전 다음 주의 주제를 같이 정하고 마무리를 합니다.

3. 첫 번째 회의 주제를 '휴대폰 사용의 에티켓'으로 정했다면 모두에게 주제를 알려 주고 가족 구성원들이 각자 일주일 동안 관련 자료를 찾아오도록 합니다.

4. 회의 시 보드판을 준비해 각자의 의견을 보드판에 적으면서 진행하면 자신의 의견이 반영되는 것을 볼 수 있기 때문에 훨씬 진지한 태도를 유도할 수 있습니다.

가족회의는 다음과 같이 진행할 수 있어요.

사회자: 지금부터 제1회 우리 가족의 올바른 휴대폰 사용을 위한 가족회의를 진행하도록 하겠습니다. 회의 순서는 '참석 인원 확인-일주일간 휴대폰 사용 평가-이번 주 주제 토의 및 안건-다음 주 주제 정하기'입니다. (사회자는 가족 구성원이 돌아가면서 할 수 있다.) 먼저 참석 인원을 확인하도록 하겠습니다.

아빠: 아빠 ○○○ 참석입니다.

엄마: 엄마 ○○○ 참석입니다.

아이: 딸/아들 ○○○ 참석입니다.

사회자: 다음은 일주일간 휴대폰 사용에 대한 자기평가 및 가족의 의견을 듣는 시간입니다. (돌아가면서 자기평가를 말하고 의견을 들어 본다.)

가족의 의견에서 "숙제를 하지 않고 휴대폰을 해서 자꾸 잔소리를 하게 된다"는 엄마의 의견이 있었습니다. 이 의견에 대한 아빠의 생각과 ○○○의 생각을 들어 보도록 하겠습니다. (각자 의견을 들어 보고 해결방법을 이야기한다.)

다음은 이번 주 주제인 '휴대폰 사용의 에티켓'에 대해 각자 조사한 내용을 발표해 보도록 하겠습니다. (각자 조사한 내용을 말하고 우리 가족의 규칙으로 정할 부분을 정리한다.)

아이 마음 짓기 30

아이 성교육을 위한 엄마의 말을 연습해요

아이에게 성에 대해 어떻게 이야기해야 할까요?

우리나라 청소년들의 성관계 첫 경험의 평균 연령이 몇 세인지 알고 계신가요? 2018년 교육부, 보건복지부, 질병관리본부가 약 6만 명의 청소년을 대상으로 설문 조사를 한 결과 우리나라 청소년들의 성관계 첫 경험의 평균 나이는 만 13.6세인 것으로 나타났습니다. 2020년 대한민국을 분노하게 한 N번방 사건,아동·청소년을 대상으로 성 착취물을 유포했다는 사실도 기가 막힌 일인데 이 사건의 주범이 우리 주변의 평범한 시민이고 공범은 18세의 청소년이었다는 사실이 우리를 더욱 경악하게 만들었지요.

우려되는 것은 우리 아이들이 살아가는 현대 사회는 오프라인으로 직접 사람과 사람이 만나는 관계보다 SNS를 통해 관계를 맺는 경우가 더 많아지고 있다는 사실이에요. SNS에서는 조회 수와 팔로우 수가 중요하잖아요. 조회나 팔로우 확보를 위해 성 관련 주제와 선정성의 수위가 점차 다양하고 자극적이 되어 가고 있으니 정말 큰 문제입니다.

이제 남아든 여아든 성별에 상관없이 자녀를 키우는 엄마라면 성과 관련해서 언제 어떻게 교육을 해야 할 것인지가 매우 중요한 문제로 부각되었습니다. 이미 독일을 포함해 여러 유럽 국가에서는 성교육을 생명 및 인권과 관련된 영역이라고 해서 유아기부터 자연스럽게 실시하고 있지요. 특히 성교육을 다룰 때는 책임감과 자기 결정권을 중요시하면서 이를 어기는 행동을 했을 시 반사회적인 큰 범죄로 각인될 수 있도록 철저히 교육하고요.

이에 비해 우리나라의 경우, 도덕이나 윤리적인 영역에 대한 교육은 많이 이뤄지는 반면 성교육은 적게 실시되고 있는 편이지요. 성에 대한 호기심이나 욕구는 인간의 자연스러운 본능이자 자아를 찾아가는 과정이기 때문에 아이가 언제 궁금해 하든 무엇을 질문하든 부끄럽게 느끼거나 수치심, 죄책감을 갖도록 하는 것은 바람직하지 않습니다.

따라서 엄마는 자녀가 성에 관해 궁금해 하거나 질문할 때 당황하지 않고 대화할 수 있도록 미리 준비해야 합니다. 또한 아이가 제대로 성교육을 받지 못한 채 무분별하게 노출된 음란 콘텐츠를 시청할 경우 왜곡된 성 관념을 가질 수 있다는 점도 염두에 두어야 해요. 엄마는 사전에 자녀가 올바른 성에 대한 개념과 가치관, 태도를 가질 수 있도록 도와야 합니다.

성에 대한 자연스러운 대화가 가장 중요해요

성에 대해 아이와 대화를 할 때는 자연스러움이 가장 중요합니다. 그러니 성에 대해 너무 많이 알려 주려고 하거나 더 먼저 알려 주고자 애쓸 필요도 없지요. 성교육을 위해 엄마가 가장 먼저 해야 할 것은 자녀의 성에 대한 호기심 및 성 개념 발달과 변화를 관찰하는 거예요. 자녀의 발달 수준에 따라 성교육의 내용과 방법은 달라야 하거든요. 자녀는 언제든 어떤 문제나 주제든 엄마에게 질문하고 엄마와 의견을 나누고자 대화를 시도할 수 있잖아요? 마찬가지로 성에 관한 문제에서도 아이가 엄마에게 묻거나 도움을 청해도 괜찮겠다는 신뢰를 주는 것이 가장 중요합니다.

아이는 영·유아기부터 청소년기까지 몸의 변화가 오랜 시간에 걸쳐 천천히 이뤄집니다. 이런 몸의 변화는 아이의 입장에서 매우 낯선 경험일 수밖에 없어요. 아이가 자신의 신체와 정서 발달에 따라 성에 대한 호기심과 관심이 달라지는 것은 너무나 당연하지요. 따라서 성교육도 아이의 긴 발달에 맞춰 장기간 수준별로 다르게 진행되어야 합니다.

만 3세 전후부터 놀이를 통해 성교육을 시작해요

연령별로 구체적으로 살펴볼게요. 성별에 대한 인식과 구분이 뚜렷해지면서 남녀 간 옷차림이나 남아의 놀이, 여아의 놀이 등 좋아하는 놀이가 달라지는 시기는 대개 만 3세경입니다. 따라서 본격적인 성교육은 만 3세 이후부터 가능하다고 볼 수 있어요.

만 3세 이후부터 초등학교 입학 전까지의 유아기는 성 역할의 구분과 몸에 대한 탐색을 경험하는 시기입니다. 유아는 배변 훈련이 끝난 이때부터 화장실을 분리해서 쓰게 되고 기관에서 실시하는 교육 과정과 프로그램 등을 통해 남녀의 몸은 다르게 생겼다, 우리의 몸은 소중하다, 함부로 남에게 몸을 보여 달라고 하거나 보여 줘서도 안 된다 등의 성교육을 받게 되지요. 특히 이 시기는 무엇이든 호기심을 가지고 부끄러움이나 편견 없이 받아들이는 시기이기 때문에 유아의 수준에서 이해하기 쉬운 동화나 뮤지컬, 인형극 등을 통해 성교육을 실시하는 것이 바람직해요.

이 시기의 성에 관한 문제는 주로 성기를 가지고 노는 행동이 지나쳐서 자위를 한다거나 '다른 사람의 몸을 함부로 봐서는 안 된다'는 규칙을 어기고 이성 친구에게 몸을 보여 달라고 요구하거나 보려고 하는 행위 등이지요. 하지만 이 시기의 성 관련 문제는 이후의 발달과는 달리 단순히 호기심이 지나치거나 규칙을 지키지 않는 행동 조절상의 문제입니다. 때문에 부모가 어른의 관점에서 아이를 낙인찍거나 비난하는 것은 매우 위험합니다.

초등학교 입학 후에는 아동기의 특성을 파악하세요

초등학교에 입학해서 아동기가 되면 아이들은 성에 대해 유아기와는 질적으로 조금 다른 관심을 갖습니다. 즉 남녀를 구분하며 남아는 여아를 경계하고 여아는 남아를 경계하면서 심한 대립 관계를 이루지요. 이것은 자신의 성에 매력을 느끼기 위해 다른 성을 경계 대상으로 삼기 때문입니다. 따라서 이 시기가 되면 아이는 그전까지 자연스러웠던 아빠, 엄마나 이성 형제, 이성 선생님과의 스킨십이 꺼려지거나 이상한 느낌을 받고 부끄러움과 같은 감정을 경험하게 되지요.

독특한 점은 이 시기 아이들은 대부분 동성과 친분을 쌓고 함께 어울리기를 좋아하지만 본능에 따라 구체적으로 호감을 느끼는 이성에게 마음이 끌리는 경험을 한다는 거예요. 따라서 이때부터 매력적인 연예인이나 인기 많은 이성 친구에 대해 특별한 관심을 갖고 마음속으로 이성에 대한 고민을 하기 시작하지요.

아동 후기에서 청소년기로 넘어 가면서 남아는 발기를, 여아는 월경을 경험하게 되지요. 이때 엄마는 아이가 처음 경험하는 발기 또는 월경에 당황하지 않도록 그 의미와 처리 방법을 알려 줄 필요가 있습니다. 예를 들어 발기는 남자라면 누구나 나타나는 몸의 변화로 건강하다는 증거이니 괜찮다고 안심을 시킵니다. 긍정적 격려와 함께 성기에서 이물질이 나올 수 있음을 알려 주고 처리 방법을 알려 주세요.

월경 또한 건강한 여자라면 누구나 나타나는 몸의 변화이고 한 달에 한 번씩 몸에서 피가 나오며 배가 아플 수 있음을 말해 줘야 합니다. 월경 시 사용하는 생리대의 종류와 처리 방법, 자주 처리하지 않았을 때 생길 수 있는 일들을 미리 말해 줌으로써 당황스런 일이 생기지 않도록 도움을 주는 것이 필요하지요.

어려움이 생기면 도움을 청하도록 알려 주세요

인간의 성에 대한 관심과 성관계는 자연스러운 것입니다. 엄마는 아이와 성에 대해서도 자연스럽게 수시로 이야기 나눌 수 있는 기회를 갖는 것이 좋습니다. 엄마는 어떤 경우라도 아이의 선택을 지지할 것이라는 믿음을 보여 주고, 성 관련 고민이나 어려움이 생겼을 때에는 언제든 도움을 청할 수 있다는 걸 알려 줘야 해요.

예를 들어 드라마나 영화를 보면서 성에 대한 가치관과 태도에 대해 대화를 나눈다거나, 사회적으로 성 관련 문제가 생긴 경우 뉴스나 기사들을 함께 보면서 아이가 자신의 생각을 이야기할 수 있도록 하는 것도 좋지요. 단 성에 관한 부분은 개인적인 감정과 경험이기 때문에 아무리 엄마라고 하더라도 사적인 부분을 과하게 질문하며 침범하는 것은 바람직하지 않아요.

무엇보다 부모는 성에 관해 가장 중요하고 영향력 있는 모델링이라는 점을 기억하세요. 부모 스스로 상대의 성에 대해 존중하는 태도를 가지고 성과 관련해 비하 발언이나 농담 등을 하지 않도록 주의해야 합니다.

육아 꿀팁

유아기 성 관련 문제 1 : 성기를 가지고 노는 행위

1. 아이가 언제 어떤 상황에서 성기를 만지는지 관찰해 봅니다.
2. 성기를 자주 만질 경우 붓거나 세균이 감염될 수 있으므로 아이가 성기를 만질 때 바로 손을 닦고 올 수 있도록 지도합니다.
3. 만약 아이가 심심해서 자위를 한다면 다른 놀잇감으로 놀이 방향을 전환해 주고, 불안할 때 자위를 한다면 불안의 근본 원인을 해결해 주고자 노력합니다.

유아기 성 관련 문제 2 : 다른 성의 친구 몸을 궁금해 하는 행위

1. 성에 대한 호기심과 관심이 커졌다는 신호로 받아들이고 아이에게 적합한 성교육 내용과 방법을 고민해 봅니다(인형극, 그림동화 등).
2. 남녀가 화장실을 따로 사용하는 이유, 목욕탕을 따로 가는 이유 등을 설명하며 다른 사람의 몸을 함부로 봐서는 안 되는 것을 분명하게 인식시킵니다.
3. 친구 몸을 함부로 봄으로써 친구가 받았을 마음의 상처에 대해 이야기 나누며 친구에게 진심으로 사과할 수 있도록 지도합니다.
4. 만약 행동을 조절하지 못하는 문제가 반복된다면 전문가와 상의하여 도움을 줍니다.

유아기 성 관련 문제 3 : 임신에 대한 질문

1. 유아기 질문은 단순한 호기심이나 교육 등 외부 환경으로 관심이 생긴 경우가 많습니다. 따라서 아이의 의도와 수준을 먼저 파악해야 합니다.
2. 아이에게 "그러게. 아기는 어떻게 생기는 걸까?"라고 되물음으로써 물어본 의도를 파악해 봅니다.
3. 아이의 대답에 맞춰 지지하고 반응해 주되 과학적인 접근과 사랑의 결과라는 정서적 접근을 함께 이야기해 주는 것이 좋습니다. 예를 들면 "아빠 몸속에 정자라는 씨와 엄마 몸속에 난자라는 씨가 만나 사랑을 해서 아기가 태어나지"라고 말해 줄 수 있습니다.

아동기 성 관련 문제 : 이성 부모와 목욕을 분리하는 시기

1. 아동기는 다른 성에 대한 경계심과 부끄러움을 느낄 수 있는 시기입니다. 따라서 아이가 부끄러움을 느낄 수 있는 아동기에 접어들면 서서히 분리하려는 노력이 필요합니다.
2. 이는 아이가 "나 이제 엄마/아빠랑 목욕 안 해. 창피해"라는 말을 하지 않더라도 누구나 아동기가 되면 자연스럽게 경험하는 느낌이기 때문에 초등학교 입학 전후를 기준으로 자연스럽게 분리하는 것이 좋습니다.

갈등을 잘 해결하는 아이를 위한 엄마의 말

- 아무리 화가 나도 엄마가 감정 조절을 하지 못하는 모습을 보여주지 않도록 노력해야 합니다. 엄마의 잘못된 모델링은 아이의 문제 행동을 지속시키거나 또 다른 문제 행동의 원인을 만들 뿐이라는 것을 잊지 마세요.

- 아이와 친구들 사이에 갈등이 생겼을 때, 아이에게 답을 주기보다 아이의 마음을 단단하게 짓고 자립심을 키워 주는 것이 중요합니다. 어릴 때부터 아이 스스로 판단하고 선택한 후, 행동에 대한 책임을 지도록 돕는 것은 아이가 자신의 삶을 주도적으로 살아가게 하는 원동력이 됩니다.

- 아이가 잘못을 했을 때 "네가 알아서 해결해!"라며 밀어 내는 것이 정답일 수 없습니다. 때론 부모의 따뜻한 품으로 당겨 정서적 안정감과 용기, 희망을 줘야 할 때도 있거든요. 책임감은 부모가 아이를 끝까지 책임지는 모습을 통해 자연스럽게 배울 겁니다.

- 핑계는 심리학적으로 자신이 상처받을 것을 대비해서 스스로 보호하기 위해 사용하는 방어기제입니다. 아이가 자신의 잘못을 대충 핑계 대며 넘어가려고 할 때 감정적인 비난의 말은 전혀 도움이 되지 않으며, 아이의 말을 먼저 들어 주는 것이 중요합니다.

- 자녀가 성에 관해 궁금해 하거나 질문할 때 당황하지 않고 대화할 수 있도록 미리 준비해야 합니다. 어떤 경우라도 아이의 선택을 지지할 것이라는 믿음을 보여 주고, 성 관련 고민이나 어려움이 생겼을 시 언제든 도움을 청할 수 있다는 걸 알려 줘야 해요.

에필로그

엄마가 하는 말이 아이의 마음을 만듭니다

흔히 '마음먹기에 달려 있다'라고 하지요? 저도 좋아하는 말이고 어느 정도 맞다고 믿습니다. 그런데 마음먹기가 쉽지 않아요. 다이어트를 하겠다고 마음을 먹으면 되는데 잘 안 되면 어쩌지 하는 불안감 때문에 마음먹는 것조차 꺼려지지요. 매일 30분 영어 공부를 해야지 마음먹고 싶은데 바로 실천해야 할 것 같은 부담감 때문에 마음먹기를 뒤로 미루곤 합니다.

우리는 곧잘 아이들에게 마음먹기를 강요해요. 머리는 나쁘지 않은데 공부를 게을리하는 아이에게 "마음만 먹으면 잘할 텐데"라며 안타까운 마음을 드러냅니다. 마음 좀 먹어 줬으면 하는 간절한 바람으로요.

마음은 그냥 먹어지지 않습니다. 내가 무엇을 원하는지 뚜렷하게 알아야 하고 "난 할 수 있어"라는 믿음도 있어야 해요. 그리고 마음먹은 일이 제대로 이뤄질 때까지 스스로를 통제할 수 있어야 하지요. 우리가 말하는 마음먹기 안에는 자기 인식, 자기 효능감, 자기 조절 능력과 같은 자존감의 요소가 숨어 있는 겁니다.

'하루에 3시간 게임하기', '10시간 잠자기' 같은 마음은 금방 먹을 수 있어요. 하지만 엄마가 아이에게 기대하는 마음먹기란 이런 것들이 아니잖아요. 건설적이고 창의적이고 이타적인 마음을 먹는 건 또 다른 문제입니다. 다른 사람의 마음을 헤아릴 줄 아는 공감 능력과 바른 인성에 관한 문제들이지요. 그러니 '좋은 마음먹기'란 자존감, 공감 능력, 바른 인성이 포함된 정서와 관련된 것이라 할 수 있어요.

마음이 제대로 형성되어야 예쁘고 좋은 마음을 먹을 수 있습니다. 아이에게 좋은 마음을 지어 주는 것은 오직 부모만 할 수 있습니다. 그중 엄마의 영향력이 가장 크지요. 매일 반복되는 일상, 잦은 갈등, 눈에 보이지 않는 성과, 끝나지 않는 전쟁 같은 육아지만 하루하루 엄마는 아이의 마음을 짓고 있는 중입니다.

마음을 짓는 건 그 무엇보다 중요합니다. 제때 형성되어야 할 마음이 만들어지지 않아 구멍이 생기거나 마음이 삐뚤어진 채 잘못 형성된다면 어떨까요? 마음에 금이 가고 상처가 생길 경우 그 결과는 생각보다 무섭습니다. 삐뚤어지고 상처 난 마음은 우리가 상상도 하지 못할 무서운 행동을 하도록 만들지요. 엄마는 과학의 원리를 가르칠 필요도, 영어 발음을 유창하게 가르칠 필요도 없습니다. 어릴 적 체험학습이나 어학연수를 보내 주지 못했다고 크게 문제되지 않아요. 하지만 마음만은 건강하고 예쁘게, 자신의 마음만큼 다른 사람의 마음도 소중히 생각할 수 있도록 가르치는 것은 반드시 해야 합니다.

저는 20년 동안 다양한 교육과 상담 현장에서 아이의 성장과 발달을 돕고 건강한 성장을 방해하는 요인들을 찾아 아이와 그 부모를 상담하는 일을 해왔습니다. 그 결과 아이가 좋은 마음을 형성하려면 마음과 마음이 이어져야 한다는 걸 알았어요. 마음은 수학처럼 머리로 이해시킨다고 되는 게 아니더라고요. 엄마의 마음과 아이의 마음이 이어진 소통을 통해 형성될 수 있었습니다.

저는 많은 사례를 통해 직접 체험했고 제 눈으로 봤어요. 엄마 곁에서 건강한 마음을 형성한 아이는 사회에 나가 높은 자존감을 바탕으로 자신의 삶을 멋지게 살아 보리라 다부지게 마음을 먹습니다. 마음이 예쁘게 형성된 아이는 타인의 마음을 헤아리며 주변을 웃게 하는 행복 전도사가 되지요.

마음과 마음을 잇는 소통을 한다는 것은 결코 쉬운 일이 아닙니다. 하지만 분명한 사실은 할 수 있다는 겁니다. 엄마니까요. 내가 낳은 내 아이니까요. 내가 아이의 눈, 코, 입을 만들었고 내가 가장 사랑하는 사람이 아이니까요. 아이 마음 하나 아는 것쯤 우린 할 수 있습니다.

작은 것부터 시작하면 됩니다. 아이를 바라보고 많이 웃기, 엄마가 하루를 즐겁고 행복하게 보내기, 아이의 진짜 마음 들여다보기, 아이와 예쁜 말로 대화하기 등이면 충분합니다.

어떻게 말해야 할지 모르겠다면 책 속에 나온 사례의 말을 노트에 적고 큰 소리로 세 번 읽어 보세요. 말해 본 적 없어서 말이 안 나오는 거예요. 직접 말해 보면 자연스럽게 말이 나옵니다.

조금 어색해도 괜찮아요. 아이는 어색하지만 노력하는 엄마를 보며 좀 더 멋진 아이가 되려고 노력할 테니까요. 엄마가 성장하는 만큼 아이도 함께 성장한다는 것을 기억하세요. 저도 여러분을 응원할게요.

엄마가 되어 말하기를 다시 배웠습니다

초판 1쇄 발행 2020년 11월 16일

지은이 김은희

발행인 양홍걸 이시원
출판총괄 조순정
편집 문여울
디자인 김현철 신주아
출판마케팅 장혜원 이윤재 양수지 위가을
제작 이희진

발행처 ㈜에스제이더블유인터내셔널
출판등록 2010년 10월 21일 제321-2010-0000219
임프린트 시원북스
주문전화 02)2014-8151 **팩스** 02)783-5528
주소 서울시 영등포구 국회대로74길 12 남중빌딩
블로그 http://blog.naver.com/siwonbooks
인스타그램 siwonbooks **페이스북** siwonbooks **트위터** siwonbooks

시원북스는 ㈜에스제이더블유인터내셔널의 단행본 브랜드로
지금, 우리들이 원하는 이야기를 전합니다.

시원북스는 독자 여러분의 투고를 기다립니다. 책에 관한 아이디어나 투고를 보내주세요.
cho201@siwonschool.com

* 파본은 교환해 드립니다.
* LOT SW Nov_201109 P03